U0172854

建筑工程防水设计与施工维护

罗　斯　夏可夫　主编

中国建筑工业出版社

图书在版编目（CIP）数据

建筑工程防水设计与施工维护/罗斯，夏可夫主编.
—北京：中国建筑工业出版社，2020.8（2022.3重印）
ISBN 978 7 112 25212-1

Ⅰ.①建… Ⅱ.①罗… ②夏… Ⅲ.①建筑防水-防
水设计 ②建筑防水-建筑施工 Ⅳ.①TU761.1

中国版本图书馆 CIP 数据核字（2020）第 096255 号

责任编辑：何玮珂 姚丹宁 李 雪
责任设计：李志立
责任校对：赵 菲

建筑工程防水设计与施工维护
罗 斯 夏可夫 主编
＊
中国建筑工业出版社出版、发行(北京海淀三里河路9号)
各地新华书店、建筑书店经销
北京红光制版公司制版
北京建筑工业印刷厂印刷
＊
开本：787×1092毫米 1/16 印张：13¾ 字数：249千字
2020年8月第一版 2022年3月第二次印刷
定价：**60.00**元
ISBN 978-7-112-25212-1
（35958）

版权所有 翻印必究
如有印装质量问题，可寄本社退换
(邮政编码 100037)

本书编委会

主　　编：罗　斯　夏可夫

副主编：谭淳井　刘伟汉　尹　亮　王如恒

编写人员：张志伟　刘新宇　何　聪　赵　帅　刘　飞

　　　　　何明亮　刘　杰　曹　翔　武　威　把海亮

　　　　　赵岩磊　亓　琪　江继东　黄昌新　杨树坚

　　　　　邢奇志　单　逸　张伟华　肖桂清　王宏彬

　　　　　蒲　敏　张　林　高　超　邱祖煌　甘健伦

审查人员：罗　斯　夏可夫　谭淳井　刘伟汉　尹　亮

　　　　　王如恒　何　聪　张伟华　肖桂清　王宏彬

编写单位：深圳市华与建设集团有限公司

　　　　　深圳市越众（集团）股份有限公司

序

应罗斯、夏可夫高级工程师之邀，有幸拜读了《建筑工程防水设计与施工维护》书稿，获知增识，受益匪浅。

细读本书，不难发现，罗斯、夏可夫高级工程师及其编委会依据有关标准、专著，结合防水工程实践，对地下室、外墙、内墙、楼地面、屋面等诸多部位的防水工程设计和材料的选用、施工技术交底、维护管理等方面，从深化设计、防水节点入手，分析各个构造层次的功能，将结构的防水构造措施与防水层施工相结合，提出预控的技术措施及管理办法；有助于防水工程施工流程标准化，减少人为因素导致的质量差异，有助于对防水工程质量进行全过程控制，确保防水工程施工质量。相信本书定会成为广大建筑设计、施工、检测等专业人士必备的、重要的参考资料。

罗斯高级工程师作为深圳建设（集团）有限公司总工程师和深圳市防水行业协会专家委员会资深专家，在我与其这些年的交往当中，深深感觉到罗斯高级工程师对建设事业的热爱，既是一位博学多才、睿智大气的建设者，也是一位在建筑工程防水设计与施工方面专业造诣很深的专家。

近年来，深圳市防水行业协会与罗斯、夏可夫高级工程师建立了非常好的行业交流和技术协作的关系。我相信随着建设事业的蓬勃发展，通过我们的共同努力，一定会在建筑工程防水设计与施工等领域，开展更深入的合作，定将有力地促进和推动建筑工程和既有建筑防水工程品质的提高。

本书付梓之际，仅此表达我对罗斯、夏可夫高级工程师的赞誉和对本书出版的支持。

中国建筑防水协会副会长
中国防水专家委员会专家
深圳市防水行业协会会长
广东省工程勘察设计行业协会防水与防护专业委员会主任委员

2020 年 4 月 18 日

前　　言

随着中国城市化进程和现代化的快速发展，建筑防水质量已越来越受到人们的重视。建筑防水是指为防止雨水、地下水、工业和民用的给排水、腐蚀性液体以及空气中的湿气、蒸汽等侵入建筑物各部位从而在建筑材料和构造上所采取的措施。建筑防水是建筑工程的重要组成部分，建筑防水工程涉及建筑物地下室、外墙、内墙、楼地面、屋面等诸多部位；尽管防水工程造价仅占建筑工程总造价的2%～3%，但其在整个建筑工程全寿命周期中占有非常重要的地位。防水工程质量直接关系到建筑物的结构安全和使用寿命，关系到建筑物的使用功能、居住的舒适性和生活质量。据大数据统计显示，目前国内渗漏投诉占房地产质量投诉的65%左右，渗漏会导致主体结构钢筋的氧化和锈蚀，影响结构的耐久性，降低建筑物的使用寿命。

设计规范化、材料标准化、施工流程化、维护专业化、管理制度化是防水工程的终极目标。防水设计是龙头，设计是否先进、科学、合理、可靠，关系防水工程的最终效果。防水工程材料标准近六十种，加上设计、施工、验收、试验等国家、行业、地方及团体标准，如果设计、施工人员不熟悉这些标准，缺少对防水材料和构造层次的了解，忽视工程施工的实际因素和可操作性，缺少对细部处理节点大样的了解，是很难保证防水工程的质量的。特别是目前企业之间的竞争非常激烈，一个项目尚未结束，参加建设的各方责任主体中，人员已出现频繁更换，从而使防水工程质量无法得到有效的保证。因此，设计是否可靠，选材是否科学，施工是否精细，维护是否及时，是确保防水工程质量，使之成为环保节能的智能化建筑的重中之重。

设计、材料、施工、维护是防水工程的四要素，本书从预控的角度出发，以国家现行标准为准绳，系统论述了建筑防水工程的深化设计原理、构造特点、材料选择、施工技术交底、使用过程的维护管理等内容，基本涵盖了防水工程的整个寿命周期。

本书共分7章，主要包括地下工程防水设计、建筑外墙防水工程设计、室内防水工程设计、屋面工程防水设计、防水材料的选用、防水工程的施工技术交底、防水工程的维护管理。本书从具体的深化设计、防水节点入手，分析了各个构造层次的功能、各种常见渗漏原因及其危害性，并从防水工程深化设计、材料选择注意事项、施工规范化流程及质量控制要点、施工过程中的成品保护、常见防水工程维护保养及渗漏预防措施等方面提出了有效的预控措施；同时，本书还附有大量图表，汇集了设计、材料、施工、维护方的众多管理经验；有助于弱化和减少个体对整体防水工程的影响，有助于对防水工程质量进行全过程控制，以确保防水工程施工质量。

本书在编写的过程中，参考了许多专家学者的专著、文章、论述以及国家现行相关标准等资料，引用了有关专业书籍的部分数据和资料，在此对有关的作者、编者致以诚挚的谢意。由于笔者水平有限，书中不足之处在所难免，我们恳切希望广大读者提出宝贵的意见和建议。把发现的问题和意见，随时告诉我们，以便今后补充修正。最后，再次向参与本书编撰以及对本书内容提供帮助的各级领导、专家表示最诚挚的感谢！

目　　录

第 1 章　地下工程防水设计

1.1　地下工程防水设防等级

1.1.1　地下工程防水设防等级标准

设防等级标准是以允许渗水量的多少进行划分，划分为四级。防水等级为一级的地下工程，按规定是不允许渗水的，但结构表面并不是绝对没有地下水渗入，当渗水量极小，且随时被自然通风带走，也就是说当渗水量小于蒸发量时，结构表面往往不会留下湿渍。防水等级为二级的地下工程，按规定也是不允许有渗水的，结构表面可以有少量湿渍。防水等级为三级的地下工程，按规定允许有少量渗水点，但不得有线流和漏泥砂现象。防水等级为四级的地下工程，按规定允许有漏水点，但不得有线流和漏泥砂现象。地下工程防水等级划分标准，见表 1.1.1。

地下工程防水等级划分标准　　　　　　　　　　　表 1.1.1

防水等级	防水标准
1 级	不允许渗水，结构表面无湿渍
2 级	不允许漏水，结构表面可有少量湿渍； 房屋建筑地下工程：总湿渍面积不大于总防水面积（包括顶板、墙面、地面）的 1‰；任意 100m² 防水面积上的湿渍不超过 2 处，单个湿渍的最大面积不大于 0.1m²； 其他地下工程：湿渍总面积不应大于总防水面积的 2‰；任意 100m² 防水面积上的湿渍不超过 3 处，单个湿渍的最大面积不大于 0.2m²；其中，隧道工程平均渗水量不大于 0.05L/(m²·d)，任意 100m² 防水面积上的渗水量不大于 0.15L/(m²·d)
3 级	有少量漏水点，不得有线流和漏泥砂； 任意 100 m² 防水面积上的漏水或湿渍点数不超过 7 处，单个漏水点的最大漏水量不大于 2.5L/d，单个湿渍的最大面积不大于 0.3m²
4 级	有漏水点，不得有线流和漏泥砂； 整个工程平均漏水量不大于 2L/(m²·d)，任意 100m² 防水面积上的平均漏量不大于 4L/(m²·d)

1.1.2　地下防水工程重要程度设计

地下工程防水设计工作年限不应低于工程结构设计工作年限，按其重要程度分为甲类、乙类和丙类三种；甲类：人员密集的民用建筑、人防工程、地铁车站、对渗漏敏感的仓储、机房；乙类：除甲类和丙类以外的场所；丙类：对渗漏不敏感的物品或设备场所，不影响正常使用的场所。

1.1.3 地下工程防水使用环境类别设计

地下防水工程根据使用环境，分为Ⅰ、Ⅱ、Ⅲ三种类别。Ⅰ类使用环境：抗浮设防水位标高与基础底面标高高差 $H \geqslant 3m$；Ⅱ类使用环境：抗浮设防水位标高与基础底面标高高差 $0m \leqslant H < 3m$；Ⅲ类使用环境：抗浮设防水位标高与基础底面标高高差 $H < 0m$，即抗浮设防水位标高在基础底面标高之下。但当年降水量大于 600mm 且不大于 1600mm 时，Ⅱ类与Ⅲ类防水使用环境类别应分别提高一级；当年降水量大于 1600mm 时，防水使用环境类别均应按Ⅰ类选用。

1.1.4 地下工程防水等级设计

地下工程防水等级应依据工程防水类别和工程防水使用环境类别确定，并应符合下列规定：

1 地下工程一级防水设防：甲类工程的Ⅰ、Ⅱ类防水使用环境，乙类工程的Ⅰ类防水使用环境。

2 地下工程二级防水设防：甲类工程的Ⅲ类防水使用环境，乙类工程的Ⅱ类防水使用环境，丙类工程的Ⅰ类防水使用环境。

3 地下工程三级防水设防：乙类工程的Ⅲ类防水使用环境，丙类工程的Ⅱ类防水使用环境。

4 地下工程四级防水设防：丙类工程的Ⅲ类防水使用环境。

1.2 地下室底板防水设计

整个地下室和地下防水设计，同属于地基与基础分部工程，地下防水工程是一个子分部工程，其各分项工程设计的内容统计与划分见表1.2。

地下防水工程的设计内容与划分 表 1.2

子分部工程		分项工程
防水工程	主体结构防水	防水混凝土、水泥砂浆防水层、卷材防水层、涂料防水层、塑料防水板防水层、金属板防水层、膨润土防水材料防水层
	细部构造防水	施工缝、变形缝、后浇带、穿墙管、埋设件、预留通道接头、桩头、孔口、坑、池
	特殊结构防水	锚喷支护、地下连续墙、盾构隧道、沉井、逆筑结构
	排水	渗排水、盲沟排水、隧道、坑道排水、塑料排水板排水
	注浆	预注浆、后注浆、结构裂缝注浆

　　地下工程是主体结构的基础，将主体结构的荷载传递给地基基础，并承受垂直和水平荷载，是具有能抗压、抗弯、抗剪的结构。主要作为设备用房、停车库，有时也作为地下商场和综合用房，还可作为地铁站的入口通道和过街通道等。地下工程不论赋予其什么样的使用功能，设计者都不希望有地下水渗入地下室。地下室的外围护结构有底板、侧墙和顶板三个组成部分，它们是防水设计的关键部位。地下室永久性地埋在地下，沉浸在地下水之中，随着自然环境的变化，地下水位标高和水的压力、浮力也都会随之发生改变。设计还需考虑地下水腐蚀性大小、氡含量是否超标，并采取相应的对策。上述这些都是地下室防水设计时应考虑和研究的重要因素，地下工程防水应遵循"因地制宜、防排结合、综合治理"的原则，以下按基础工程的部位和构造层次，对地下室的防水设计进行系统论述。地下室的空间构造见图1.2。

图 1.2　地下室内部空间图

1.2.1　地基处理

　　土方开挖深度、持力层具体标高的设计，应符合地质勘探报告的要求，根据现场实际开挖和验槽结果，由勘探单位和设计单位现场确认。施工图总说明中常发现有："地基土方开挖，至持力层后应原土夯实，压实系数不小于96%"，实际上现场没办法施工，开挖后地基或基槽时，基坑底已不是同一平面了，基坑内有承台、地梁、集水井、电梯井等坑中坑，是无法用机械进行碾压的，如采用机械对原土夯实，不仅会损坏承台、地梁、坑、槽周胎模的边角，还会造成土层的密实度不均匀，往往连压实系数不小于90%都难以做到，相反会扰动地基土层。

若是天然地基的基础形式，或设计是筏板基础时，设计应要求不得超挖，若需超挖时，应采用 C15 细石混凝土回填至设计标高，以保证地基承载力满足设计要求。基坑边应设置排水沟，坡向集水井，基坑顶还应设置环状截水沟，预防雨水和施工用水流入基坑。应及时进行排、降水，使地下水降低至垫层以下 500mm，以保证地下防水层和防水混凝土的施工质量。

1.2.2 混凝土垫层设计

混凝土垫层的设计强度不应低于 C15，厚度不应小于 100mm，天然地基基础的垫层厚度不宜小于 150mm，软弱土层的垫层厚度宜为 200mm，岩石基础在垫层下还应采用水泥石粉渣设置滑动层，减少岩石对底板的约束，以预防底板裂缝渗水。若要在垫层上钻孔施工锚杆时，为防止机械的振动损坏混凝土垫层，影响防水层的连续性，根据机械的自重和功率大小，垫层厚度宜为 150～200mm。有的设计人员还会要求在混凝土垫层上，再铺一层 20mm 厚 1:2 的水泥砂浆做找平层，目的是为保证防水层的基层表面能平整、光滑，实际上在有条件时，混凝土垫层可连同水泥砂浆找平层同期施工，原浆压光，做到平整、光滑，并把阴阳角做成圆弧，预防防水层在转角处受损。在浇筑混凝土垫层时，若受到气候影响出现雨天，又需及时封闭地基土层时，垫层顶标高可预留出 20mm，待雨过天晴后再施工 20mm 厚 1:2 的水泥砂浆做找平层，压光抹平以满足原设计的要求（图 1.2.2-1、图 1.2.2-2）。

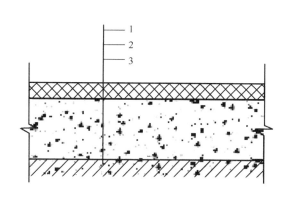

图 1.2.2-1 天然地基垫层剖面图
1—土层；2—混凝土垫层；3—找平层

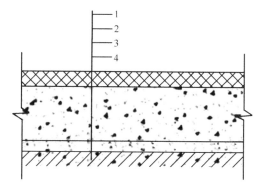

图 1.2.2-2 岩石基础垫层剖面图
1—岩石；2—滑动层；3—混凝土垫层；4—找平层

1.2.3 底板下桩头防水设计

桩头表面和桩头的钢筋，是地基与底板的连接节点，为预防节点处的地下水进入底板，在桩头表面和桩身钢筋周边，应设计阻水措施，桩头顶部表面及侧面，防水层应涂刷水泥基渗透结晶型防水材料，涂刷应连续、均匀，涂刷层与大面防水层的搭接宽度不应小于 300mm，并应要求及时养护。垫层上防水层的保护层与桩头之间，防水层在桩头根部应进行收头处理，应留出凹槽并采用密封胶或遇水膨胀止水条进行密封处理。桩头防水见图 1.2.3-1。临时钢立柱、钢管穿透结构底板时，应在与底板交接处的钢立柱、钢管外侧周边焊接止水钢环，止水钢环位于底板中间位置，其翼宽不应小于 100mm。穿越底板的临时钢立柱内的填充混凝土应振捣密实。穿越底板的钢管割除后，钢管内应填充混凝土，采用钢板封口，封口钢板应与管口四周焊接牢固、严密。钢筋混凝土立柱与底板节点防水构造见图 1.2.3-2。

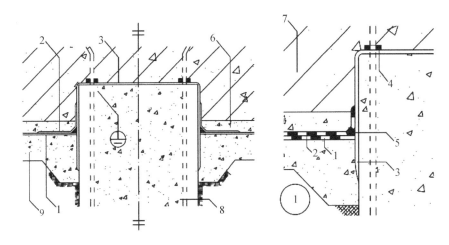

图 1.2.3-1　桩头节点图

1—柔性防水层；2—增强层；3—渗透结晶防水层；4—遇水膨胀止水胶；5—密封材料；
6—细石混凝土保护层；7—承台；8—桩身；9—混凝土垫层

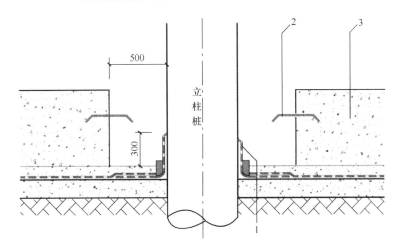

图 1.2.3-2　钢筋混凝土立柱与底板节点防水构造

1—主防水层上翻 300 空铺；2—止水钢板；3—底板

1.2.4 底板外防水层设计

地下室底板在施工期间，常受到地下水的环境影响，以及天气变化、雨水、雾气、施工用水等不利因素，基坑底通常很难保证一直处于干燥状态，故在防水层的设计与材料选型中，应优选能在潮湿基面上施工的湿铺、自粘、空铺、预铺、预铺反粘类的防水卷材，不宜选择对环境、对干燥度要求高的防水涂料，也不宜选择对干燥度要求高、需要热熔铺贴的防水卷材。应根据工程结构设计使用年限和使用功能，确定地下室底板的防水等级，推荐以下底板上不同防水设防等级、不同防水材料之间不同组合的防水设计方案。底板I级防水设防见表1.2.4-1，底板II级防水设防见表1.2.4-2。

底板防水层一级防水设防设计方案   表 1.2.4-1

第一道防水层	第二道防水层
≥1.2mm厚预铺防水卷材（P类）	—
1.5mm厚或2.0mm厚预铺防水卷材（橡胶R类）	1.5mm厚或2.0mm厚预铺防水卷材（橡胶R类）
2.0mm厚非固化橡胶沥青防水涂料	3.0mm厚自粘聚合物改性沥青防水卷材（PY类）
	1.5mm厚自粘聚合物改性沥青防水卷材（N类高分子膜）
	3.0mm厚SBS弹性体改性沥青防水卷材（II型PY类）
1.5mm自粘聚合物改性沥青防水卷材或1.5mm厚湿铺防水卷材（高分子膜）	3.0mm厚自粘聚合物改性沥青防水卷材（PY类）
	1.5mm厚自粘聚合物改性沥青防水卷材（N类高分子膜）
	1.5mm厚湿铺防水卷材（高分子膜）

聚乙烯丙纶复合防水卷材：（卷材芯材0.6mm或0.8厚）（0.8mm厚卷材＋1.3mm厚聚合物水泥胶结料＋0.8mm厚卷材＋1.3mm厚聚合物水泥胶结料）

底板防水层二级防水设防设计方案   表 1.2.4-2

材料类型	底板防水层设计方案
卷材防水	≥1.2mm厚预铺防水卷材（P类）
	3.0mm厚自粘聚合物改性沥青防水卷材（PY类）
	3.0mm厚湿铺防水卷材（PY类）
	2.0mm厚自粘聚合物改性沥青防水卷材（N类高分子膜）
	2.0mm厚湿铺防水卷材（高分子膜）
	4.0mm厚SBS弹性体改性沥青防水卷材（II型PY类）
	聚乙烯丙纶复合防水卷材：（卷材芯材0.6mm厚）0.8mm厚卷材＋1.3mm厚聚合物水泥胶结料

材料类型	底板防水层设计方案
涂料防水	2.0mm 厚聚氨酯防水涂料（内衬耐碱玻纤网格布）
	1.5kg/m² 水泥基渗透结晶型防水涂料（背水面）

1.2.5 底板背水面防水层设计

当无法实施底板迎水面主动防水时，背水面的防水层设计实际是一种补救、补强措施。当地下室防水设防等级为二级，局部又有设备用房与地下室底板相邻时，为了保证设备用房的防水要求，提高该处的防水设防等级，设计会在该处的底板上增加一道内防水层。内防水层的材料选型，一般以刚性防水材料为主，有无机防水涂料，掺外加剂、掺合料的水泥基防水涂料，水泥基渗透结晶型防水涂料，以及水泥防水砂浆。水泥基渗透结晶型防水涂料用量宜为 1.5kg/m²，直接涂刷在底板的结构基层上，水泥防水砂浆厚度不宜小于 8mm，涂抹在底板的结构基层上。亦可在混凝土配合比中内掺水泥基渗透结晶型防水剂或活性硅质系防水剂。

1.2.6 隔离层设计

地下室底板上防水层与混凝土保护层之间，应设计隔离层，不仅起到缓冲作用，还可保护防水层在后续浇筑混凝土保护层、结构层时不被损坏。隔离层不宜采用塑料薄膜。由于抗风揭能力差，施工过程若受到气候影响被风吹起，会因随风飘浮而很难于铺平，也不宜选择不环保的淘汰产品如油毛粘等，设计可以采用 200g/m² 的聚酯无纺布做隔离层，施工方便，可操作性强。聚酯无纺布已成为隔离层的首选设计，长边搭接长度不宜小于 100mm，短边搭接长度不宜小于 200mm，并用缝合连接。

1.2.7 保护层设计

为了保证地下室底板钢筋在运输、安装、焊接、绑扎时，以及地下室底板混凝土在浇筑、振捣时不损坏防水层，应在防水层上设计混凝土保护层，混凝土保护层的强度等级应不小于 C20，厚度应不小于 50mm，可以不用设计配筋和分隔缝。

1.2.8 底板结构自防水设计

1 防水混凝土：地下室底板结构应采用防水混凝土，强度设计等级不宜小于 C30，防水混凝土的抗渗等级不得小于 P6，施工配合比应通过试验确定，试配混凝土的抗渗等级应比设计要求提高 0.2MPa，防水混凝土的设计抗渗等级应符

建筑工程防水设计与施工维护

合表1.2.8的规定。

防水混凝土设计抗渗等级　　　　表1.2.8

工程埋置深度 H (m)	设计抗渗等级
$H<10$	P6
$10\leqslant H<20$	P8
$20\leqslant H<30$	P10
$H\geqslant30$	P12

2 底板结构设计厚度：最小厚度不应小于300mm，筏形基础还应符合国家现行标准《建筑地基基础设计规范》GB 50007和《高层建筑筏形与箱形基础技术规范》JGJ 6的相关规定，即平板式、筏基的底板最小厚度不应小于500mm；梁板式筏基底板，其底板厚度与最大双向板格的短边净跨之比不应小于1/14，且板厚不应小于400mm；当底板的板格为单向板时，其底板厚度也不应小于400mm。

3 施工缝设计：底板防水混凝土应连续浇筑，一般应与后浇带相配合，分段施工时不宜留设垂直施工缝，底板与侧墙的交接处的水平施工缝，应留在高出底板表面以上不小于300mm的墙体上，并设置钢板止水带（图1.2.8）。

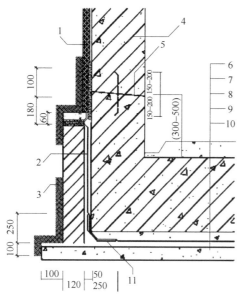

图1.2.8 底板上侧墙水平施工缝节点图
1—30厚挤塑聚苯板或5-6聚乙烯泡沫片材保护；
2—卷材防水层；3—黏土分层夯实；4—防水混凝土；5—1:1水泥砂浆掺水泥基渗透结晶型防水剂；
6—C15混凝土保护层找坡；7—防水混凝土底板；
8—0厚细石混凝土保护；9—卷材防水；10—C15混凝土垫层；11—卷材加强层

1.2.9 底板后浇带防水设计

底板后浇带的间距一般不宜大于30m，后浇带的宽度宜700～1000mm，两侧中部在补前，应后置缓膨型遇水膨胀橡胶止水条，并宜设置预埋注浆管。增强层宜采用2mm厚柔性防水材料，每边宽出后浇带300mm。超前止水后浇带构造节点见图1.2.9-1。在结构高度差大或施工荷载变化的交界处，应设计成沉降后浇带；一般后浇带补浇时间不宜少于45d，沉降后浇带应待结构施工、施工荷载完成、沉降观测证明相对沉降已稳定后，才能补浇混凝土；后浇带补浇的混凝土，应采用掺膨胀剂的补偿收缩

8

混凝土，其抗压强度应提高一级，抗渗性能和限制膨胀率应符合设计要求；后浇带补浇混凝土时，应一次连续浇筑完成，不得留设施工缝；后浇带混凝土浇筑后应及时养护，养护时间不得少于 28d。

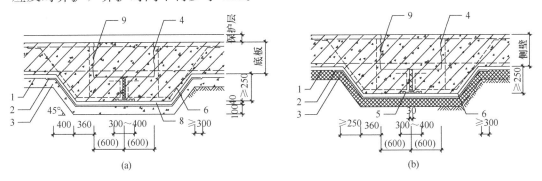

图 1.2.9-1　后浇带

1—防水层；2—加强防水层；3—30mm 厚聚苯板保护层；4—采用可拆除的快易收口钢网；5—外贴式止水带；6—配筋按结构；7—混凝土垫层；8—细石混凝土保护；9—缓膨型遇水膨胀橡胶止水条（胶）

（a）底板；（b）侧壁

在施工和使用中，我们常会发现地下室的底板出现渗水或渗渍的现象，发生这种情况，就会直接影响到我们的生活环境，而且还会影响到地下室设备的使用寿命。作为一种预防、预控的设计措施，地下室底板上宜增设一道疏水层；一般地下室结构在抗裂缝设计方面，设置疏水层的设计理念仅是控制裂缝宽度和尽量减少裂缝数量，而并非完全消灭裂缝；在地下室底板上增设一道疏水层，当混凝土底板上局部出现裂缝造成渗漏时，疏水层就能将少量的渗漏水引入排水沟汇集到集水坑中，再由自动控制的抽水泵，将渗漏水排出地下室，就能保证了地下室底板处于干燥状态，从而提供出良好的工作环境，起到防、排结合的效果（图 1.2.9-2）。

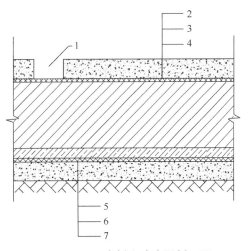

图 1.2.9-2　底板上疏水层剖面图

1—排水沟；2—地面；3—疏水层；4—底板结构；5—防水保护层；6—防水层；7—混凝土垫层

1.2.10　地下室的抗浮设计

1　地下水的分类：地下水按埋藏条件可分为上层滞水、潜水和承压水三种。按含水层的空隙性质可分为孔隙水、裂隙水和岩溶水三个类型。地下水对基础以及整个地下室结构都有浮托作用，对底板的浮托力、对侧壁的水平压力的大小与地下水位的高度成正比。

2 地下水位的设计高度：当有长期水位观测资料时，应取建筑物在有效使用期间（包括施工期间）可能产生的最高水位，此数据应由工程地质勘察单位根据当地历年水文地质资料等因素确定，并提供给设计单位。若气象资料反映，狂风暴雨时会造成地表水漫流、地表水与地下水贯通，此时水位设计高度，应偏于安全取自然地坪标高。

3 浮托力：地下水对基础结构底板的浮托力 F_0（kN），等于底板展开面积 F（m²）乘以每米水头压力高度 H（10kN/m²），即 $F_0 = FH$。通常不考虑地下室侧壁及底板结构，与岩土接触面的摩擦作用和黏滞作用力，不得对地下水的水头高度进行折减。

4 侧压力：侧壁的侧向压力，宜按水压力与土压力分开计算的原则进行，即用静水压力计算水压力，按土的实际高度计算土压力，作用在侧壁上的侧压力为：水压力与土压力之和。

5 抗浮设计：当建筑物的自重，即结构的恒荷载大于浮力时，筏基处于整体稳定状态，主要对建筑特殊部位进行局部抗浮验算，但施工过程中仍必须采取相应的降水、隔水措施，将地下水位降至底板以下。

当建筑物的自重，即结构的恒荷载小于地下水的浮力时，筏基处于不稳定状态，基础应采取相应的抗浮措施，可以采取加大自重的措施，如将梁筏基础的梁面与板面齐平，变更为梁底与板底齐平状态，形成上翻梁构造，在筏板上覆土加压，或在地下室顶板上填土加压等，用以平衡地下水对整体结构的浮托力，或用锚杆和抗拔桩基进行平衡。

6 抗拔锚杆和抗拔桩的布置：设计抗拔锚杆和抗拔桩时，有分散式和集中式两种方案，在抗拔锚杆和抗拔桩的作用下，会使筏基梁、板结构的受力情况发生改变，一般土层宜设计成分散、均布锚杆方案，尤其当抗浮水位较高，柱距和梁板跨度比较大时，更为经济合理。当地基为浅部岩层，能为集中锚固提供较大的锚固力时，仍是可选的方案之一。

7 局部抗浮设计：当筏基满足整体抗浮条件时，若基础形心和重心偏移过大或局部荷载平面布置不均，这时就可能出现基底局部不满足抗浮要求，建筑物自重产生的地基反力呈梯形分布或反凹形分布。而基础所受浮力是均匀的，两者相互影响的结果，就可能产生基底局部抗浮不满足安全要求，如图 1.2.10-1 所示。可以将整体基础作为计算单元。按公式 $\delta = N/F \pm M/W$ 求基础边缘的应力，以判断哪些范围不满足抗浮要求，需要作局部抗浮设计。

8　锚杆设计：地下室底板的基底反力，实际是由两部分组成，同时作用于基底，即浮力 F_0（kN），等于底板展开面积 F（m²）乘以水头压力高度每米 H（10kN/m²），即 $F_0 = FH$。另一个是建筑物自重对基底产生的反力 F_w（kN/m²），等于建筑物自重 W（kN），除以底板展开面积 F（m²），即 $F_w = W/F$（kN/

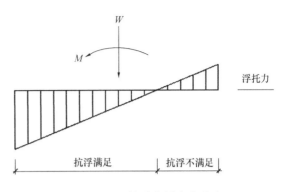

图 1.2.10-1　基础底板应力分布图

m²）。假定地下室基础总浮力的水头高度 H_0（10kN/m²），与建筑物自重 W（kN）相平衡的水头 H_{01}（10kN/m²），超过与自重平衡的水头 H_{02}（10kN/m²），$H_0 = H_{01} + H_{02}$，此时基底反力 $P = H_0 F - W = (H_{01} + H_{02})F - W$，因为 $H_{01}F = W$，故基底反力 $P = H_{02}F$，超过与自重平衡的水头 H_{02}，就是锚杆设计的依据。

9　锚杆的施工设计：

（1）钻孔成孔：锚杆钻孔不得扰动周围地层；锚杆水平、垂直方向的孔距误差不应大于 100mm，钻头直径不应小于设计钻孔直径 3mm；钻孔轴线的偏斜率不应大于锚杆长度的 2%；钻孔深度不应小于设计长度，也不宜大于设计长度的 500mm。

（2）清孔：钻进至设计标高时，应进行清孔，要求沉渣厚度小于 200mm。

（3）锚杆安放：应保证钢筋锚杆杆体的加工质量；杆体安放时，插入孔内的深度不应小于锚杆长度的 95%，杆体安放后，不得随意敲击，不得悬挂重物。

（4）注浆：注浆管的出浆口应插入距孔底 300～500mm 处，浆液应自下而上连续灌注，且确保从孔内顺利排水排气；注浆设备应有足够的浆液生产能力和所需的额定压力，采用的注浆管应能在 1h 内完成单根锚杆的连续注浆，注浆后不得随意敲击杆体；注浆浆液应搅拌均匀，随搅随用，并在初凝前用完，严防石块、杂物混入浆液。

（5）试验与验收：锚杆施工前应进行极限抗拔试验，试验锚杆的地层条件、杆体材料、锚杆参数及施工工艺应与工程锚杆相同，数量不应少于 3 根；做破坏性试验时位置须现场确定，试验锚杆处的水位控制应尽量符合实际工况。验收试验的锚杆数量不得少于锚杆总数的 5%，且不得少于 3 根，最大试验荷载应取锚杆轴向拉力设计值的 1.5 倍，验收试验应分级加荷。

（6）抗浮锚杆防水设计与施工：抗浮锚杆节点处宜采用防水涂料整体防

水，防水涂料的厚度不应小于 2mm，当采用卷材时，应采用非固化橡胶沥青防水涂料进行加强处理，锚杆体之间的间隙可采用建筑密封胶密封或非固化橡胶防水涂料灌满。其抗浮锚杆防水构造见图1.2.10-2。

1.3 地下室侧墙防水设计

1.3.1 地下室侧墙结构自防水设计

侧墙混凝土结构设计厚度不应小于 300mm，混凝土强度等级不应小于 C30；防水混凝土的抗渗等级不应低于 P6，施工配合比应通过试验确定，试配混凝土的抗渗等级应比设计要求提高 0.2MPa，防水混凝土的设计抗渗等级，根据埋置深度情况设计。一侧纵向钢筋的最小配筋百分率，应符合不小于 0.2 和 $0.45f_t/f_y$ 中的较大值（其中：f_t 代表混凝土轴心抗拉强度设计值，f_y 代表普通钢筋抗拉、抗压强度设计值）；水平纵向钢筋宜设置在竖向纵向钢筋的外侧，水平纵向钢筋的间距不宜大于 150mm；背水面钢筋保护层厚度不应小于 15mm，迎水面保护层厚度不应小于 30mm；抗裂缝计算时，应按裂缝宽度不大于 0.2mm 进行设计计算。

1.3.2 地下室侧墙后浇带设计

侧墙后浇带的间距一般不宜大于 30m，在结构高度差大或施工荷载变化的交界处，应设计成沉降后浇带；侧墙后浇带每侧都应设计 3mm 厚的止水钢板，一般后浇带补浇时间不宜少于 45d，沉降后浇带应待结构施工完成、相对沉降稳定后再行补浇混凝土；后浇带补浇的混凝土，应采用掺膨胀剂的补偿收缩混凝土，其抗压强度应提高一级，抗渗性能和限制膨胀率应符合设计要求；侧墙

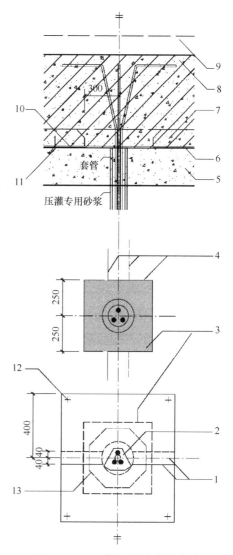

图 1.2.10-2 锚杆防水节点构造

1—对拼搭接应刮除砂护层；2—灌注非固化橡胶沥青；3—涂刷非固化橡胶沥青（第二遍随即粘置预铺反粘卷材）；4—主防水层（若为卷材，搭接不小于 120mm）；5—混凝土垫层；6—主防水层；7—预铺反粘卷材（对拼）；8—锚筋；9—保护层；10—非固化橡胶沥青（可分 2 次涂敷，锚筋根部灌注，面撒细砂略加拍入）总厚不小于 6mm；11—若主防水层为预铺反粘卷材，且底板厚小于 650mm，可不设混凝土保护；12—预铺反粘卷材（可粘钉并举）；13—保护层边界示意

后浇带补浇混凝土时，应一次连续浇筑完成，中途不得再留设施工缝；后浇带应采用补偿收缩混凝土，浇筑后应及时养护，养护时间不得少于 28d。侧墙后浇带超前止水设计，采用 3mm 厚钢板，每边与结构搭接长度不小于 100mm，用膨胀螺栓固定在侧墙后浇带两边，间距不大于 400mm，侧墙后浇带处应另增设增强附加防水层。防水层、保护层施工后即可回填土方，待变形稳定后再补浇补偿收缩混凝土，侧墙后浇带防水构造图见图 1.3.2。

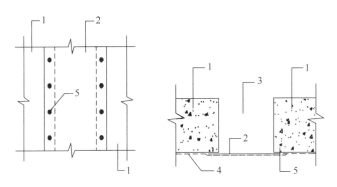

图 1.3.2　侧墙后浇带防水构造图

1—侧墙结构；2—3mm 厚钢板；3—后浇带；4—防水层；5—膨胀螺栓

1.3.3　侧墙设备管道节点的防水设计

穿墙管或套管都应加焊接钢板止水环或遇水膨胀止水圈；穿墙管道或套管在侧墙迎水面预留凹槽，槽内应用密封材料进行嵌填；防水层与穿墙管道或套管的连接处应增加附加增强防水层，结构变形或管道安装后不再伸缩，穿墙管道设计可以采用主管直接埋入混凝土内，其防水构造见图 1.3.3-1。穿墙管道较多时，宜相对集中，可设计成集中预埋式，采用穿墙盒的方法，可采用整块钢板上开孔，穿墙（群）套管与开孔钢板满焊，穿墙盒两侧钢板的间距与侧墙等厚，立模后混凝土一次浇筑到位，其防水构造宜采用图 1.3.3-2 穿墙盒管道（多根管穿

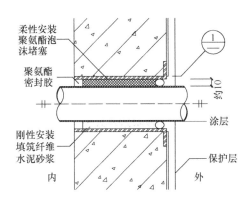

图 1.3.3-1　直埋式套管

墙）防水节点示意图。

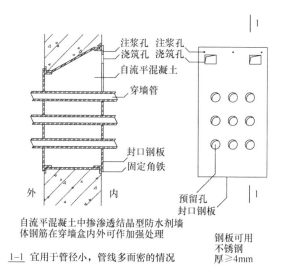

图 1.3.3-2 穿墙盒管道（多根管穿墙）防水节点示意图

1.3.4 地下室侧墙防水层设计

1 基层处理：混凝土结构层表面应作清理，用于固定模板的螺栓孔处，所留下的凹槽应用密封材料进行密实封堵，再用聚合物水泥砂浆抹平，局部涂刷聚合物水泥防水涂料。侧墙表面的局部缺陷，应用聚合物水泥浆将其表面清理修平。地下室侧墙外 20 厚 1：2.5 水泥砂浆找平层，通常可以取消，不仅可减少构造层次，提高防水效果，还可预防因找平砂浆层空鼓，造成的窜水隐患。

2 防水层设计：侧墙防水层宜采用涂、卷结合、优势互补的设计方案。处于垂直状态的侧墙，涂料防水层应每遍薄涂、多遍成活，以保证厚度匀均，预防下坠挂流。防水卷材的选型，不宜选用 3～5mm 厚的改性沥青、聚合物改性沥青类防水卷材，厚度越厚自重越大，即使设计了金属固定件，铺贴后在自重的作用下，在回填土施工和长期使用中，仍容易出现下挂脱落隐患，宜选用 1.2～3mm 的自粘聚合物改性沥青防水卷材、湿铺防水卷材、高分子类防水卷材等，能自粘、湿铺的片材，再适当增加机械固定，以达到防水层的设计效果。

当基坑支护坑边距侧墙净距不能保证作业人员安全时，局部无法实施侧墙迎水面主动防水时，背水面的防水层设计实际是一种补救、补强措施。当地下室防水设防等级为二级，局部又有设备用房与地下室外墙相邻时，为了保证设备用房的防水要求，需提高该处的防水设防等级，设计会在该处的底板上增加一道内防水层。背水面防水层的材料选型，一般以刚性防水材料为主，有无机防水涂料、掺外加剂、掺合料的水泥基防水涂料、水泥基渗透结晶型防水涂料，以及水泥防水砂浆。水泥基渗透结晶型防水涂料用量宜为 $1.5kg/m^2$，直接涂刷在侧墙的结构基层上，水泥防水砂浆厚度宜为不小于 8mm，涂抹在侧墙的结构基层上。还可在混凝土配合比中内掺水泥基渗透结晶型防水剂或活性硅质系防水剂。

当时侧墙有不同防水设防等级要求时，推荐几种不同防水材料组合的防水设计方案。侧墙Ⅰ级防水设防见表 1.3.4-1，侧墙Ⅱ级防水设防见表 1.3.4-2。

3　保护层设计：为了保证地下室侧墙在土方回填时，在地下室基坑支护换撑需要回填混凝土时，不损坏侧墙防水层，应在防水层外设计起缓冲作用的保护层。保护层材料有采用 120 厚砖砌体的方式，该方法一次砌筑高度不宜超过 2m，缺点是施工进度慢、安全管理要求高，优点是抗冲撞强度好。另外，保护层材料也有采用 30～40mm 厚 XPS 挤塑泡沫板的方式；采用双面胶粘贴，施工进度快、安全性好，是目前现场最常用的一种设计方法。

侧墙Ⅰ级防水设防设计方案　　　　　　　　表 1.3.4-1

20mm 厚聚氨酯防水涂料	1.5mm 厚自粘聚合物改性沥青防水卷材（N 类高分子膜）
1.5mm 厚自粘聚合物改性沥青防水卷材（N 类高分子膜）	1.5kg/m² 水泥基渗透结晶防水涂料（背水面）
3.0mm 厚自粘聚合物改性沥青防水卷材（PY 类）	
1.5mm 厚湿铺防水卷材（高分子膜）	1.5mm 厚自粘聚合物改性沥青防水卷材（N 类高分子膜）
	1.5mm 厚湿铺防水卷材（高分子膜）
聚乙烯丙纶复合防水卷材：（卷材芯材 0.6mm 或 0.8mm 厚）（0.8mm 厚卷材＋1.3mm 厚聚合物水泥胶结料＋0.8mm 厚卷材＋1.3mm 厚聚合物水泥胶结料）	

侧墙Ⅱ级防水设防设计方案　　　　　　　　表 1.3.4-2

材料类型	侧墙防水层设防设计方案
涂料防水层	2.0mm 厚聚氨酯防水涂料（内衬耐碱玻纤网格布）
	1.5kg/m² 水泥基渗透结晶防水涂料（背水面）
卷材防水层	2.0mm 厚自粘聚合物改性沥青防水卷材（N 类高分子膜）
	1.5mm 厚湿铺防水卷材（高分子膜）
聚乙烯丙纶复合防水卷材（0.8mm 厚卷材＋1.3mm 厚聚合物水泥胶结料，卷材芯材 0.6mm 厚）	

1.4 地下室顶板防水设计

1.4.1 地下室顶板结构自防水设计

顶板混凝土结构设计厚度不应小于 200mm，混凝土强度等级不应小于 C30；防水混凝土的抗渗等级不应低于 P6，施工配合比应通过试验确定，试配混凝土的抗渗等级应比设计要求提高 0.2MPa。应设计双层双向配筋，单层纵向钢筋的最小配筋率百分率应符合不小于 0.2 和 $0.45 f_t/f_y$ 中的较大值（其中：f_t 代表混凝土轴心抗拉强度设计值，f_y 代表普通钢筋抗拉、抗压强度设计值）；纵向钢筋的间距不宜大于 150mm；板底钢筋的保护层厚度不应小于 15mm，板面钢筋的保护层厚度不应小于 25mm；抗裂缝计算时，应按裂缝宽度不大于 0.2mm 进行设计计算。

1.4.2 找平层设计

地下室顶板施工完成后，通常要作为施工场地使用，主体结构完成后，进入装饰、装修阶段，当要进行地下室顶板上的防水层施工时，顶板表面已不可能十分光滑平整了，为了保证防水层的基层清洁、平整、光滑，细部处理到位，就应设计水泥砂浆找平层。找平层强度等级宜为 M20，应采用聚合物水泥砂浆或 1：2 水泥砂浆，找平层厚度不宜小于 20mm，并利用找平层施工完善节点细部处理。找平层可不设分格缝，原浆压光，并应及时养护，作为防水层的基层。

1.4.3 地下室顶板防水层设计

1 防水材料：宜采用涂卷结合、优势互补的设计方案；亦可采用两道材性相容的卷材直接复合的设计方案。地下室顶板防水设防等级应等同于屋面，都应按一级防水设防标准进行设计，应有两道及以上的柔性防水层，种植部位的上层防水层应设计为防水卷材，该层防水卷材还应具有耐根穿刺性能。

2 构造形式：当要求种植顶板上设置保温、隔热层时，应按正置式构造设计，即防水层设置在保温、隔热层之上，以预防保温、隔热层受到雨水的浸湿，同时还要设计排气管道，预防保温、隔热层因温差变化热胀冷缩，造成防水层变形撕裂。当不要求种植顶板上再设置保温、隔热层时，宜设计成倒置式构造，防水层可直接设计在结构基层上，与结构自防水功能直接复合，这是防水效果最佳的方案之一。

3 防水层设计：顶板防水设防等级宜按Ⅰ级防水设防，当对顶板有不同使用年限、不同防水设防等级、不同使用功能要求时，推荐几种不同防水材料不同组合时的防水设计方案。种植顶板Ⅰ级防水设防见表 1.4.3-1，普通非种植顶板Ⅰ级防水设防见表 1.4.3-2。

种植顶板Ⅰ级防水设防设计方案　　　　　　　　表 1.4.3-1

第一道防水层	第二道防水层
2.0mm 厚非固化橡胶沥青防水涂料	4.0mm 厚耐根穿刺改性沥青防水卷材
1.5mm 厚自粘聚合物改性沥青防水卷材（N 类高分子膜）	4.0mm 厚耐根穿刺改性沥青防水卷材或 4.0mm 厚自粘聚合物耐根穿刺改性沥青防水卷材
1.5mm 厚湿铺防水卷材（高分子膜）	
3.0mm 厚自粘聚合物改性沥青防水卷材（PY 类）或 3.0mm 厚湿铺防水卷材（PY 类）	
3.0mm 厚自粘聚合物改性沥青防水卷材（PY 类）	4.0mm 厚 SBS 耐根穿刺改性沥青防水卷材
3.0mm 厚湿铺防水卷材（PY 类）	
2.0mm 厚聚合物水泥防水涂料＋（0.8mm 厚聚乙烯丙纶复合防水卷材＋1.3mm 厚聚合物水泥胶结料）×2	

普通非种植顶板Ⅰ级防水设防设计方案　　　　　　　　表 1.4.3-2

第一道防水层	第二道防水层
2.0mm 厚聚合物水泥防水涂料（Ⅰ型）（＋50g 无纺布）	1.5mm 厚自粘聚合物改性沥青防水卷材（N 类高分子膜）
	3.0mm 厚自粘聚合物改性沥青防水卷材（PY 类）
2.0mm 厚聚氨酯防水涂料	3.0mm 厚自粘聚合物改性沥青防水卷材（PY 类）
	1.5mm 厚自粘聚合物改性沥青防水卷材（N 类高分子膜）
2.0mm 厚非固化橡胶沥青防水涂料	3.0mm 厚 SBS 弹性体改性沥青防水卷材（Ⅱ型 PY 类）
	3.0mm 厚自粘聚合物改性沥青防水卷材（PY 类）
	1.5mm 厚自粘聚合物改性沥青防水卷材（N 类高分子膜）
1.5mm 厚湿铺防水卷材（高分子膜双面粘）	1.5mm 厚自粘聚合物改性沥青防水卷材（N 类高分子膜）
聚乙烯丙纶复合防水卷材（0.6mm 厚卷材＋1.3mm 厚聚合物水泥胶结料）×2	

4 隔离层设计：地下室顶板上防水层与混凝土保护层之间，应设计隔离层，不仅能起到缓冲作用，还可保护防水层在后续浇筑保护层、回填种植土时不受到伤害。隔离层不宜采用塑料薄膜，因其抗风揭能力差，施工时若受到风吹，会出现飘浮很难铺平；也不宜选择不环保且已淘汰的油毛粘。设计时可采用 200g/m² 以上的聚酯无纺布做隔离层，具有施工方便，可操作性强的特点；目前，聚酯无纺布已成为隔离层的首选设计材料之一。其长边搭长度不宜小于 100mm，短边搭接长度不宜小于 200mm，并应采用缝合连接。在顶板上疏水层与种植土之间，也应设计聚酯无纺布隔离层，防止种植土流失污染环境；该处的隔离层应采用 300g/m² 以上的聚酯无纺布。

5　防水保护设计：为了保证地下室顶板防水层的耐久性，避免受到日照紫外线的影响，以及在地下室顶板上回填种植土时不损坏防水层，应在防水层上设计钢筋混凝土保护层。考虑到回填种植土方以及园林铺装时会动用土方装载、运输机械设备，保护层必须具有一定的刚度和强度，混凝土保护层的强度等级不应小于C25，厚度设计不宜小于70mm，设计双向配筋应不少于$\phi6@150$，按不大于6m×6m设分格缝，缝宽宜为10～20mm，缝内先安装背衬材料，再用聚氨酯密封胶进行密封。

6　找坡层：顶板上的找坡层，可以设置在结构顶板的基层上，与找平层同期施工，不用设分格缝作为防水层的基层；也可以设置在防水保护层之上，根据园林规划、道路走向、排水沟、景观的需求，设在保护层之上，或与钢筋混凝土保护层同期施工，按保护层的要求设置分格缝，并用聚氨酯密封胶进行密封。

7　地下室顶板后浇带的防水构造设计：地下室顶板的后浇带在未补浇混凝土，且尚未形成设计要求的结构体系之前，不宜拆除局部模板支撑系统，以预防顶板后浇带处的梁板受力变形产生结构裂缝；宜在顶板后浇带两侧完成45d后，再补浇后浇带混凝土，补浇的微膨胀混凝土强度等级应比顶板原设计强度等级提高一级，养护时间不得少于28d，顶板后浇带施工缝处应增加一道附加防水层，顶板后浇带防水构造见图1.4.3-1。

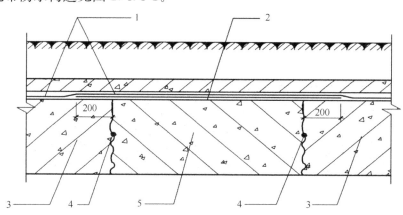

图 1.4.3-1　顶板后浇带防水构造

1—地下室顶板防水构造层等；2—2厚聚合物（丙烯酸酯乳液）水泥防水涂料（Ⅱ）型附加防水层；3—先浇混凝土；4—快易收口网；5—后浇膨胀混凝土

8　地下室顶板转角处的防水构造设计：地下室顶板四周的阳角应设计成圆弧形；在侧墙与顶板的转角处，不论侧墙和顶板上的防水材料是否相同，都应在此转角处设计附加防水层；附加防水层在顶板和侧墙上的宽度都应不小于250mm；附加防水层宜采用先涂后卷的设计方案，侧墙的防水层可在转角处收头，顶板上的防水层应覆盖到侧墙下方不小于500mm处，顶板转角处防水构造见图1.4.3-2。

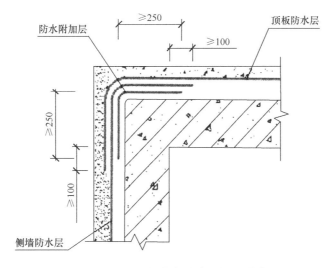

图 1.4.3-2 顶板转角处防水构造节点

1.4.4 地下室种植顶板防水构造层设计

1 设计内容：计算顶板结构荷载、确定种植顶板的构造层次、根据回填种植土的厚度确定绝热层材料的品种和性能；选择耐根穿防水材料和普通防水材料的品种规格和性能，对相容性进行复核；根据回填种植土时的施工机械及施工使用荷载，确定保护层的强度和厚度；根据种植规划确定种植土的类型、种植形式和植物各类；电气照明系统布置；园林小品和细部构造设计。

2 设防等级：种植顶板防水层应满足一级防水等级设防要求，应设计两道及以上的柔性防水层，防水层中且至少设置一道耐根穿材料。

3 施工配合：伸出种植顶板的管道和埋件等，应在防水工程施工前安装完成，后装的设备基座下应增加一道防水增强层，施工时应避免破坏防水层和保护层。

4 疏水层设计：种植顶板的疏水层，又称之为排（蓄）水层，起到疏、排、蓄水的作用，使得植被能健康成长。疏水层的材料应选择耐腐蚀、抗压强度大、耐久性好的轻质材料，如凹凸型塑料排（蓄）水板，搭接宽度不应小于100mm。网状交织、块状塑料排水板，采用对接施工。粒径10～25mm的级配碎石、粒径10～25mm的陶粒，铺设厚度不宜小于100mm。在疏水层和种植土之间，应有过滤材料，宜选用聚酯无纺布，接缝处宜采用粘合或缝合，搭接宽度不应小于

150mm，单位面积质量不应小于300g/m²。种植顶板上的种植土宜选用田园土为主，土壤质地要求疏松、不板结，有机质含量宜≥5％。疏水板的材料形状和搭接要求见图1.4.4-1。

图 1.4.4-1　疏水板的材料形状和搭接要求

　　5　地下室种植顶板防水构造层：种植顶板的基本构造层次，包括：结构基层、绝热层、找坡层、找平层、普通防水层、耐根穿刺防水层、保护层、排（蓄）水层、过滤层、种植土层和植被层等。根据各地区气候特点，顶板形式、植物各类情况，可增减种植顶板的构造层次，见图1.4.4-2。

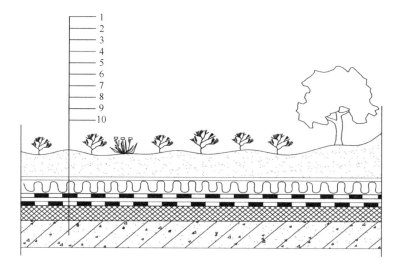

图 1.4.4-2　种植顶板基本构造层次

1—植被层；2—种植土层；3—过滤层；4—排（蓄）水层；5—保护层；6—耐根穿防水层；

7—普通防水层；8—找坡层、找平层；9—绝热层；10—结构基层

　　6　地下室顶板周边管道井（沟）的防水构造：管道井的井壁和井底应设计为钢筋混凝土结构，迎水面应设计柔性防水层，井口标高应高过自然地坪，电缆

穿墙时预埋止水套管，套管外侧设置电缆井（沟），电缆井（沟）底与不低于套管底不小于 250mm，设置排水坡度和排水沟；电缆与套管之间采用柔性防水密封胶密封。其防水构造做法见图 1.4.4-3。

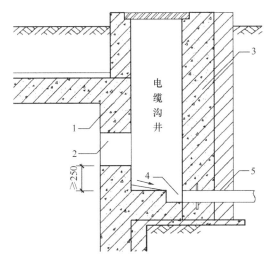

图 1.4.4-3 电缆井（沟）防水构造图

1—地下室侧墙；2—电缆套管；3—电缆井（沟）侧壁；

4—排水沟；5—室外排水管

第2章　建筑外墙防水工程设计

建筑物外墙是指建筑物的外围护结构，外墙的构造设计主要是为了保证建筑室内空间的通风、采光、保温、隔热、隔声、防风和防水等使用功能，以及与环境协调的观感效果。近年来随着国内经济建设的快速发展和人民生活水平的不断提高，外墙面的建筑造型和结构形式越来越丰富，各种类型的涂料、饰面砖、幕墙等，形式多样、造型复杂；另外，新材料、新工艺的不断涌现，新技术的日新月异，这些都给外墙防水提出了更高、更新的要求。外墙门窗在满足通风、采光要求的同时，还要在构造设计上能够保证阻止雨水、雪水渗入，阻止雾气进入室内，使外门窗的水密性、气密性及抗风性能和平面内变形性能等能满足使用功能和安全要求。外墙设计除了要提供具有建筑美学的外观，保证控制空气流通和热量交换，使室内温度、湿度满足舒适要求，创造出宜居的生活空间外，设计师们还要特别注重外墙体的防水构造设计，以满足建筑物的使用功能和安全要求。

建筑外墙防水设计不仅要有效防止水气进入建筑物内部，而且要与建筑节能相协调，有利于减少室内外的热交换，保证室内温度平衡、居住舒适。为防止雨水、雾气、雪水渗透，外墙应设计一个可靠的防水系统，需要在围护结构的基础上，采用材料防水、构造防水、排水等方式，有效阻止水分侵入建筑室内。

本章按外围护结构的部位和构造层次、防水层材料的选择以及节点的密封防水构造，对外墙的防水设计进行逐一论述。

2.1　围护结构自防水设计

建筑外围护结构的设计形式有钢筋混凝土外墙、砌体结构承重外墙、砌体结构填充外墙、装配式混凝土剪力墙、装配式预制外挂混凝土墙板、装配式预制外墙模板和幕墙等结构。建筑外墙的防水工程设计应遵循"因地制宜、防排结合、综合治理"的原则。外墙工程防水设计工作年限目标不应低于 25 年。

2.1.1　建筑外墙防水设防等级设计

外墙防水工程按其重要程度分为甲类、乙类和丙类三种。甲类：民用建筑、对渗漏敏感的工业和仓储建筑；乙类：除甲类和丙类以外的场所；丙类：对渗漏不敏感的工业和仓储建筑。

外墙防水工程根据使用环境，所在地 50 年重现期基本风压不大于 0.50kN/m^2 时，分为 Ⅰ、Ⅱ、Ⅲ 三种类别。Ⅰ类使用环境：年降水量 $P\geqslant800\text{mm}$；Ⅱ类使用环境：年降水量 $200\text{mm}\leqslant P<800\text{mm}$；Ⅲ类使用环境：年降水量 $P<200\text{mm}$。当外墙工程所在地 50 年重现期基本风压大于 0.50kN/m^2 时，Ⅱ类与Ⅲ类防水使用环境类别应分别提高一级。防水使用环境为Ⅰ类且台风频发地区的建筑外墙应加强防水措施。

外墙工程防水等级应依据工程防水类别和工程防水使用环境类别确定：一级防水设防：甲类工程的 Ⅰ、Ⅱ 类防水使用环境，乙类工程的Ⅰ类防水使用环境。二级防水设防：甲类工程的Ⅲ类防水使用环境，乙类工程的Ⅱ类防水使用环境，丙类工程的Ⅰ类防水使用环境。三级防水设防：乙类工程的Ⅲ类防水使用环境，丙类工程的Ⅱ类防水使用环境。

2.1.2　钢筋混凝土结构外墙

现浇或预制的混凝土外墙，混凝土强度等级不宜低于 C30，厚度不应小于 100mm，应双层双向配筋。一侧纵向钢筋的最小配筋率百分率，应符合不小于 0.2 和 $0.45f_t/f_y$ 中的较大值（其中：f_t 代表混凝土轴心抗拉强度设计值，f_y 代表普通钢筋抗拉、抗压强度设计值）；水平纵向钢筋宜设置在竖向纵向钢筋的外侧，水平纵向钢筋的间距不宜大于 150mm；抗裂缝计算时，应按裂缝宽度不大于 0.2mm 进行设计验算。

当采用铝合金模板或大钢模板施工技术，并设计要求按免抹灰工艺施工，迎水面钢筋保护层厚度不应小于 25mm。普通模板工艺施工，允许抹灰的混凝土外墙面，迎水面钢筋保护层厚度不应小于 15mm。外墙背水面在室内的钢筋保护层厚度也不应小于 15mm。

2.1.3　砌体结构外墙

外围护结构为砌体结构承重墙、砌体结构填充墙时，砌体结构外墙的厚度不宜小于 200mm。砌块的强度等级、密度等级和节能指标要求等，都应符合设计计算要求。砌体外墙砌筑砂浆的强度不宜小于 M5 和砌块的强度等级。普通混凝土小型砌块和轻集料混凝土小型砌块的灰缝厚度应为 8～12mm；蒸压加气混凝土砌块水平灰缝厚度和竖向灰缝厚度不应超过 15mm，横向、竖向灰缝的厚度均不得小于 8mm。设置抗震拉接筋或配筋砌体处的灰缝厚度不得小于钢筋直径 +4mm。

2.2 基层处理设计

外围护结构有墙体自防水的体系和防水层的防水体系两种形式。墙体结构具有一定自防水功能的有：现浇混凝土结构外墙、装配式结构外墙和幕墙结构。而砌体结构一般属于要设计防水层的防水体系。外围护墙的防水构造设计形式主要有以下四种：

    1　现浇混凝土外墙或砌体外墙＋普通水泥砂浆找平层＋防水涂料＋装饰面层；

    2　现浇混凝土外墙或砌体外墙＋普通水泥砂浆找平层＋防水砂浆＋装饰面层；

    3　现浇混凝土外墙或砌体外墙＋普通水泥砂浆找平层＋防水砂浆＋防水涂料＋装饰面层；

    4　现浇混凝土外墙或砌体外墙＋普通水泥砂浆找平层＋保温层＋带有防水抗裂砂浆的面层＋装饰面层。

2.2.1　现浇混凝土外墙基层处理

在现浇钢筋混凝土外墙施工中，为了控制墙面的截面尺寸、为了调整墙面模板的垂直度和平整度、为了保证施工安全，通常会设计对拉穿墙螺栓来固定侧向模板；而模板和对拉穿墙螺栓都是要回收、周转再利用的，拆模后会在外墙上留下很多穿墙螺栓的孔洞；孔洞的防水处理是现浇混凝土外墙基层处理的重要环节，设计应要求把洞口先凿出喇叭口，孔洞内用聚合物水泥防水砂浆填实，或压注聚氨酯发泡胶；喇叭口边缘处用聚合物水泥防水砂浆填平，外涂聚合物水泥防水涂料（图 2.2.1-1、图 2.2.1-2）。现浇混凝土外墙的水平施工缝，应先铲层间接头处局部凸出的砂浆，用聚合物水泥填补局部的孔洞，清除渗水通道，使其平

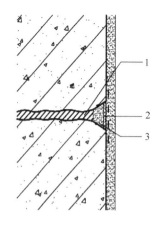

图 2.2.1-1　穿墙螺栓孔洞防水处理

1—M20 水泥砂浆；2—M20 聚合物水泥砂浆；

3—M20 水泥砂浆（掺膨胀剂）

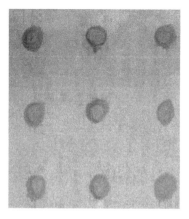

图 2.2.1-2　穿墙螺栓孔洞防水

处理照片

整、垂直。

2.2.2　装配式混凝土外墙基层处理

　　由于预制外墙是分块进行拼装的，会留下大量的拼装接缝，在防水上是有一定先天不足的。这些接缝很容易形成渗漏水的通道，连接接缝处的防水处理，是装配式外墙防水节点处理的重要对象。装配式建筑的防水设计，应遵守导水为主、防水为辅、防排结合的设防原则，导水优于堵水、排水优于防水，就是说要在设计时应考虑到外墙板块之间，在风荷载作用下、在温度变化时会有微小变形，可能有一定的水流，会突破外侧的防水层，故应从构造上要设计出排水路径，才能把这部分突破防水层而进入的水引导到排水构造中去，将其排出室外，避免其渗透到室内。利用水流自然垂流的原理，在重力作用下自动排出，将墙板接缝处设计成内高外低的企口形状，结合一定的减压空腔设计，防止水流通过毛细作用倒吸进入室内。除了混凝土构造防水措施之外，还应用橡胶止水带、单组分聚氨酯耐候胶进行密封，完善整个装配式墙板的防水体系。所以，装配式预制外墙接缝处的防水，一般采用密封防水、材料防水和构造排水相结合的联动处理措施。主要分为：预制外挂墙板、预制剪力墙和预制外墙模板三种情况。

　　1　预制外挂墙板接缝防水：预制外挂墙板属于开放式防水系统，要设计 3 道防水措施，最外侧采用高弹力的耐候防水密封胶，中间部分为物理空腔形成的减压空间，内侧利用预嵌在混凝土中的防水橡胶条上下互相压紧，达到密封防水效果。在墙面之间的十字接头处，在橡胶止水带之外再增加一道聚氨酯密封胶防水，其主要作用是利用聚氨酯密封胶良好的弹性，来封堵橡胶止水带相互错动可能产生的细微缝隙，宜要求每隔不大于 3m 距离，在外墙防水密封胶上，设计 PVC 或不锈钢的排水管或导气槽，同时起到平衡内外气压和排水的作用。采用疏堵相结合的方法，就能有效地将渗入减压空间的雨水引导到室外（图 2.2.2-1）。

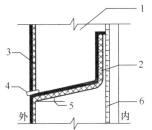

图 2.2.2-1　板缝空腔内设置导水管排水

1—预制墙板；2—找平层；3—外墙饰面层；4—出水管；5—排水坡度；6—内墙饰面层

2 预制装配式剪力墙接缝防水：装配式剪力墙是非常重要的承重构件之一，集承重、围护、保温、隔热、隔声、防火、装饰、防水、抗渗等多种功能为一体，其节点设计关系建筑物的安全性、耐久性、观感效果和使用功能。预制剪力墙的防水效果，主要取决于预制产品自防水和预制件与预制件之间、预制件与后浇混凝土结合处施工缝的施工质量，其防水、抗渗的性能，将最终影响建筑外墙的防水效果，故将施工缝处的节点设计，分为界面处理和上下层连接接缝两个设计要素：

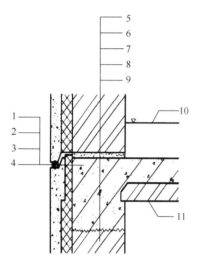

图 2.2.2-2 预制剪力墙水平接缝构造

1—建筑耐候胶；2—发泡聚乙烯棒；3—钢筋混凝土保护层；4—钢筋混凝土后浇带；5—预制外墙板；6—细石混凝土坐浆；7—钢筋混凝土后浇梁；8—粗糙面；9—预制外墙板；10—楼面建筑面层；11—预制楼板

（1）界面处理：预制剪力墙的顶面、底面和两侧面应处理为粗糙面或者制作出键槽，与预制剪力墙连接的框架梁表面也应处理为粗糙面。粗糙面露出的混凝土粗骨料不宜小于其最大粒径的1/3，且粗糙面凹凸不应小于 5mm。

（2）上下层连接：预制剪力墙底与现浇框架梁之间应坐浆，坐浆宜采用高强灌浆料，坐浆厚度宜为 20mm，其立方体抗压强度应高于预制剪力墙混凝土立方体抗压强度，且 3d 强度值不应低于 55MPa，28d 强度值不应低于 80MPa；预制剪力墙的竖向钢筋可采用浆锚套筒连接、浆锚搭接连接，见图 2.2.2-2。

（3）预制外墙模板：预制外墙模板是在工厂预制好外侧混凝土墙板、内侧混凝土墙板及（有或无）夹心保温层，利用水平和竖向分布钢筋、格构钢筋、钢筋网等，预制形成整体中空的构件，经过运输、吊装、固定到位后，与上下层及墙板-楼板的钢筋，进行可靠的连接，然后在中空的腔体内现场浇筑混凝土，形成装配整体式剪力墙结构。墙板构造如图 2.2.2-3 及图 2.2.2-4 所示。

预制外墙模板的接缝密封等同于现浇混凝土结构的后浇带处理，即缝面的界面处理可以设计成置粗糙面、企口槽、嵌填遇水膨胀止水条（胶）等防水措施。装配式混凝土结构接缝以及与窗洞口交接部位应采用密封胶、止水材料、专用防水配件和防渗漏构造等措施进行防水设防。预制外墙模板接缝与装配式剪力墙结构相似，见图 2.2.2-2。

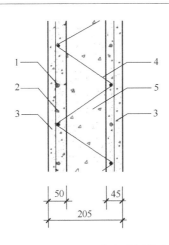

图 2.2.2-3　预制外墙模板构造

1—水平分布钢筋；2—竖向分布钢筋；3—外墙模板

预制部分；4—格构钢筋；5—外墙模块现浇部分

图2.2.2-4　带夹心保温层预制

外墙模板

2.2.3　砌体结构外墙基层处理

1　砌体灰缝：外墙的灰缝应要求双面钩缝，使得灰缝饱满、密实，不得出现通缝、瞎缝，表面的平整度、垂直度、门窗洞口的允许偏差应符合表 2.2.3 要求。

填充墙砌体允许偏差和检验方法（mm）　　表 2.2.3

项次	项目		允许偏差	检验方法
1	轴线位移		10	用尺检查
2	垂直度	≤3m	5	用2m托线板或吊线、尺检查
		>3m	10	
3	表面平整度		8	用2m靠尺和楔形尺检查
4	外墙门窗洞口高、宽（后塞口）		±10	用尺检查
5	外墙上、下窗偏移		20	用经纬仪或吊线检查

2　界面处理：砌体抹灰前结构基体表面应涂刷一层聚合物水泥砂浆或其他界面处理剂做结合层。结合层可采用下列两种做法：

（1）将聚合物水泥砂浆或其他界面处理剂涂刷在基体表面上，并随刷随抹灰。

（2）将聚合物水泥砂浆或其他界面处理剂涂刷在基体表面上，边刷边拉毛，或喷涂成拉毛面，拉毛面积不小于基体表面积的 95%，待拉毛面养护、坚硬后，再抹找平层砂浆。

3　抗裂网设计：在基层界面处理后，在不同材料基体结合处的基体上，应挂热镀锌钢丝加强网，每边搭接宽度不宜小于 100mm（图 2.2.3-1）。

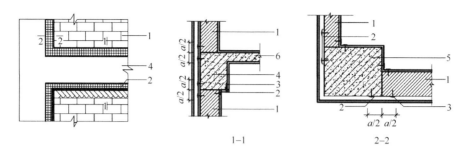

图 2.2.3-1　砌体外侧与混凝土梁板柱相接处挂网

1—砌体；2—宽加强网；3—钢钉；4—梁；5—柱；6—板

在预留、预埋的暗铺管线处，应先用聚合物水泥防水砂浆填补、抹平，采用热镀锌钢丝加强网覆盖管道预埋槽口处，每边搭接宽度不宜小于 50mm（图 2.2.3-2）。

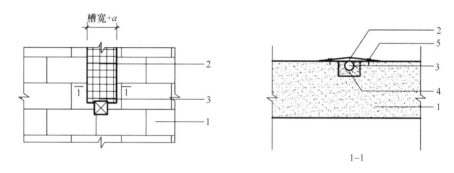

图 2.2.3-2　砌体内暗埋管槽挂网

1—砌体墙；2—槽宽＋a 加强网；3—暗埋管；4—填充砂浆；5—钢钉

注：a≥100mm，槽孔四周加强网覆盖宽度不少于 50mm

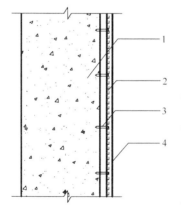

图 2.2.3-3　砌抹灰厚大于或等于
35mm 时的加强措施

1—砌体；2—热镀锌钢丝加强网；
3—钢钉；4—找平层

当抹灰总厚度大于或等于 35mm 时，在找平层中应附加一道热镀锌钢丝加强网。建筑高度 24m 及以上的外墙，外墙找平抹灰时基体上应满挂热镀锌钢丝加强网。楼梯间和人流通道的填充外墙，内、外找平抹灰的基体上，也应满挂热镀锌钢丝加强网（图 2.2.3-3）。

4　挂钢丝网前的基层处理要求：挂网前应对结合处、孔槽、洞口边等部位进行修补，修补时应分层填实抹平。挂网时在混凝土墙面上可用射钉固定，在砌体墙面上可用钢钉固定，钢钉宜钉在灰缝中；固定钉的间距不宜超过 400mm×400mm；固定后应

保证钢丝网平整、连续、牢固，不变形起拱。钢丝网与基体的搭接宽度不应小于
100mm。热镀锌钢丝网网目规格不宜大于 20mm×20mm，钢丝直径不宜小
于 1.0mm。

2.3　找平层设计

2.3.1　找平层的作用

在主体结构施工过程中，无论是现浇混凝土结构还是砌体结构都会在允许偏
差值的范围内产生影响观感效果的累计偏差。为了满足建筑外观要求，保证和提
高主体结构的耐久性和使用功能，完善细部处理，为装饰面层提供平整、垂直、
方正的基层条件，必须在现浇混凝土主体结构或砌体结构的外表面进行找平抹
灰。找平抹灰层还起到封闭各种裂缝的作用，保护和隐蔽结构基层，使之不直接
与外界接触，以延长结构的使用寿命，并且起到建筑的装饰、装修效果（图
2.3.1、图 2.3.2）。

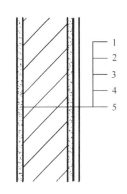

图 2.3.1-1　涂料饰面外墙防水

1—外墙饰面涂料系统；2—防水层；
3—水泥砂浆找平层；4—结构墙体；
5—内饰面

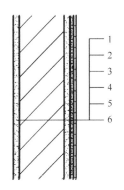

图 2.3.1-2　面砖饰面外墙防水

1—块材饰面层；2—面砖粘结层；
3—防水层；4—水泥砂浆找平层；
5—结构墙体；6—内饰面层

2.3.2　外墙抹灰工艺流程设计

基体表面清理→界面处理→局部或满挂钢丝网→挂线、贴灰饼、设标筋→抹
找平层→设分格缝→抹面层→防水层→饰面层（防水层的保护层）。

2.3.3　外墙找平抹灰层设计

找平层的抹灰材料主要有：水泥混合砂浆、水泥砂浆、掺聚合物的水泥砂
浆、掺纤维的水泥砂浆和掺聚合物的水泥防水砂浆等。外墙抹灰砂浆的强度等级
不宜低于 M15；涂料装饰的外墙找平层抗拉强度不应小于 0.25MPa；饰面砖装

饰的外墙找平层抗拉强度不应小于 0.4MPa。外墙找平抹灰层的厚度宜控制为 15～25mm，砂浆找平层宜设置分格缝，分格缝宜设置在墙体结构不同材料的交接外，水平分格缝宜与外墙门窗上口或下口齐平；垂直分格缝的间距不得大于 4m，且宜与门、窗框两边的边线对齐，分格缝的宽度宜为 8～15mm，缝内应采用单组分聚氨酯密封胶进行密封处理。聚氨酯密封胶的色彩可根据饰面材料、建筑师的要求选择，以满足立面色彩的协调性。

2.4 外墙防水层设计

外墙防水层可分为材料防水、构造防水、结构自防水，建筑的外墙防水根据建筑物所处环境采取一种或多种防水措施。采用防水材料进行外墙防水，是针对多雨地区或有必要进行外墙防水的工程项目而采取的专项措施。防水材料防水是通过材料的防水特性，阻断水源的通路或减缓雨水渗透的速度，以达到防水的目的或增加抗渗漏的能力。还要根据雨量、风压、建筑高度、是否有外墙外保温等四个方面，对建筑外墙的防水要求进行划分，将建筑外墙防水设防分为节点构造防水和墙面整体防水两种类别。有下列情况之一的建筑外墙，除要进行节点构造防水外，还应进行墙面整体防水设计，见表 2.4。

应进行墙面整体防水的条件　　　　　　　　　　　　表 2.4

序号	年降水量	基本风压	外墙特点
1	大于等于 800mm		高层建筑外墙
2	大于等于 600mm	大于等于 0.5kN/m²	所有外墙
3	大于等于 400mm	大于等于 0.4kN/m²	有外保温的外墙
4	大于等于 500mm	大于等于 0.35kN/m²	有外保温的外墙
5	大于等于 600mm	大于等于 0.3kN/m²	有外保温的外墙

2.4.1 外墙防水材料的特性和形态

防水层设计还应根据不同地区温差、雨量、风压等气候的差异因地制宜，选择适宜的构造和材料以达到最佳防水效果，外墙防水材料的设计主要分为以下 5 大类：

1 刚性防水砂浆：一般指以水泥为主要成分，通常是指各类防水砂浆，如普通水泥防水砂浆、乳液类聚合物水泥防水砂浆、干粉类聚合物水泥防水砂浆。水泥防水砂浆具有一定的抗渗性能，较高的抗压强度以及良好的粘结性能。由于防水砂浆组分中大部分是水泥、黄砂或石英砂等无机细骨料，所以具有更好的耐久性，但不具有延伸性，适应基层的变形性能力较差。但可以通过添加有机改性成分，改善防水砂浆的特性，使其具有一定的韧性和较好的抗折性能。其中聚合物水泥防水砂浆就是一种刚性防水材料，通过在水泥砂浆中添加聚合物干粉或聚合物乳液，使材料具有一定的韧性，并获得具有较好的抗压和抗折强度，提高其粘结性能及抗渗性能。聚合物水泥防水浆料，相比聚合物水泥防水砂浆，就是掺入更多一点的聚合物成分，具有一定的柔韧性和变形能力，同时也具有较好的粘结性能和抗渗性能，是介于刚性防水砂浆与柔性防水涂料之间的一种材料，会随着聚合物成分含量的增加，成为柔性防水涂料。

2 柔性防水涂料：可用于外墙的柔性防水涂料；一般是指各种有机防水涂料；如聚氨酯防水涂料、聚合物乳液防水涂料、聚合物水泥防水涂料等。在聚合物乳液中按比例添加无机成分，使其能表现为有一定的延展性和柔性，归为柔性防水涂料，如聚合物水泥防水涂料、柔韧型聚合物水泥防水浆料等。柔性防水涂料具有良好的拉伸性能和柔韧性，能抵御基层墙体的微小裂缝。按《聚合物水泥防水涂料》GB/T 23445—2009 的规定，涂膜的拉伸性能分为三个类型：Ⅰ型的延伸率最高，可达到 200％以上；而Ⅲ型的延伸率要求不低于 30％；Ⅱ型的延伸率在Ⅰ型与Ⅲ型之间。涂膜延伸率的大小，取决于乳液与粉料的比例以及乳液自身的性能。当聚合物乳液中不再添加水泥基粉料时，涂膜的延伸性则完全取决于聚合物乳液，而聚合物乳液防水涂料则是一种单组分的防水涂料，其延伸率可达到 300％以上，并具有较好的低温柔性以及耐候性。

3 憎水性材料：是指一种无色、透明，具有很好增水性能的防水涂料，以硅氧烷和硅烷为主要原料的溶剂型或水性的水溶液，或以无机纳米为原材料的水溶液，适用于混凝土结构或其他外墙饰面层的外表面，涂膜具有如荷叶般的表面结构，当水落在其表面上时，因表面的张力作用，水会形成一个个水珠而滚落，从而阻止雨水侵入墙体内部，具有一定的防水效果。

4 密封防水材料：主要成分为天然或合成的树脂或橡胶，经过合成和配制成具有黏稠性的膏状体，在空气中凝固；如建筑聚氨酯密封胶、有机硅耐候密封胶、丙烯酸耐候密封胶等；主要用于建筑物各种接缝或孔洞的密封，以阻止固体、液体、气体透过；密封后能防止在结构变形时或当有液体、气体通过时，密封胶可以随密封面形状而改变，与基面形成很好的粘结性和耐候性。

5 防水透气膜：防水透气膜用于外围护结构中外墙外保温的防水防护，是一种新型的高分子透气防水材料，具有其他防水材料所不具备的特有功能。不仅能加强建筑的气密性、水密性，还可使结构内部水气迅速排出，利用其独特的透气性能，避免外墙外保温层含水滋生霉菌，有助于提高外墙外保温层的使用寿命。

2.4.2 外墙防水材料的选择

外墙防水层材料如何选择，是外墙防水设计的关键。设计时要根据环境条件、结构形式和外墙饰面材料等因素选择合适的防水材料和构造层次（图 2.4.2-1～图 2.4.2-4）。

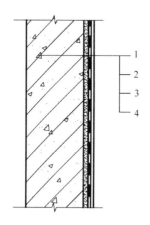

图 2.4.2-1 涂料饰面外墙防水构造

1—结构墙体；2—找平层；3—防水层；

4—涂料面层

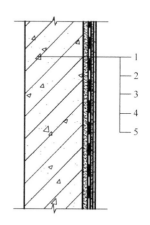

图 2.4.2-2 饰面砖外墙防水构造

1—结构墙体；2—找平层；3—防水层；

4—粘结层；5—饰块材面层

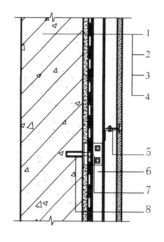

图 2.4.2-3 幕墙饰面外墙防水构造

1—结构墙体；2—找平层；3—防水层；

4—面板；5—挂件；6—竖向龙骨；

7—连接件；8—锚栓

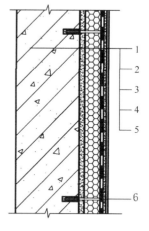

图 2.4.2-4 外保温涂料饰面外墙防水构造

1—结构墙体；2—找平层；3—保温层；

4—防水层；5—涂料层；6—锚栓

防水层设计还要根据基层的条件、装饰面层材料，选择防水材料的品种、厚度和施工要求等。外墙为涂料饰面时可选择：聚合物水泥防水涂料、各种防水砂浆。外墙为饰面砖时不得选用防水涂料，因为防水涂料延伸率大，与饰面层的粘结性较差，容易引起面砖空鼓甚至脱落，存在安全隐患。饰面砖的外墙防水层设计，宜选择干粉类聚合物水泥防水砂浆做防水层，优选益胶泥。砖面饰要选择小块的、轻薄的面砖，因为大块、厚重的面砖空鼓、脱落风险更大。粘贴面砖的材料，应选择与墙砖配套专用的胶粘剂或聚合物水泥砂浆满浆粘贴。当外墙用干挂石材或铝板时，设计可选用聚合物水泥防水涂料或聚氨酯防水涂料。当外墙有外保温层时，保温层与基层之间应有一道防水层；保温层为保温板时，防水层应选防水涂料；如保温层为保温砂浆时，防水层应选聚合物水泥防水砂浆。凸窗顶板上也应设置与外墙面连续的防水层，可在结构板面设计聚合物水泥防水涂料做防水层。外墙体防水层的材料设计可以参照表 2.4.2 选用。

外墙体防水层材料选用参照表　　　　表 2.4.2

材　料　选　用	装饰材料
3mm（干混类）高分子益胶泥	涂料饰面
5mm厚（乳液类）聚合物水泥防水砂浆	
1.5mm厚聚合物水泥防水涂料	
3mm（干混类）、高分子益胶泥	面砖饰面
5mm厚（乳液类）聚合物水泥防水砂浆	
1.2mm厚 聚氨酯防水涂料	干挂石材
2mm厚聚合物水泥防水涂料	
1.5mm厚聚合物水泥防水涂料	保温板保温层
3mm（干混类）、高分子益胶泥	保温砂浆保温层
5mm厚（乳液类）聚合物水泥防水砂浆	

2.5　外墙节点构造防水设计

外墙面的构件节点大多数具有：凸出或凹进外墙面或穿过外墙面的特点；与外墙交界处可能存在缝隙，当密封不严、排水不畅时，雨水就会渗入室内。挑出墙面的构件滴水坡度不当会出现倒泛水，引起积水、渗水。预埋或外挂的雨落水管道如果管件之间密封不严则会出现雨水沿外墙流淌等情况；如长期流淌则可能会造成外墙出现渗漏水等隐患。

外墙节点构造防水设计主要包括：外门窗及周边的密封、阳台、雨篷、女儿墙及压顶、墙面分格缝的线槽、孔洞、穿墙管道以及预埋件和水落管道等，外墙防水层应延伸至门窗框，防水层与门窗框间应预留凹槽，并应嵌填密封材料。这些都是外墙面节点构造深化设计和做技术交底的内容。

2.5.1 外门窗节点和密封设计

1 窗顶：砌体结构外墙的门窗洞口顶，洞口宽度不大于 600mm 时，宜设置厚度不小于 80mm 且配筋的预制混凝土过门板，洞口宽度大于 600mm 时，宜设置预制或现浇混凝土过梁。无论是浇混凝土结构外墙、装配式混凝土外墙，还是砌体结构的外墙，所有的门窗洞口顶部都应在细部处理、抹灰装修时，设计鹰嘴或滴水线条，防止雨水渗入室内；空调室外机搁板处应采取防雨水倒灌及防水措施。窗框与结构交界处应采用密封胶密封（图 2.5.1-1）。

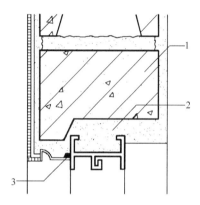

图 2.5.1-1 外墙门窗顶防水构造

1—过梁；2—聚合物水泥防水砂浆或发泡聚氨酯；3—密封材料

2 窗台：砌体结构外墙的门窗洞口底部应设置预制或现浇钢筋混凝土窗台板，阻止雨水渗入下方墙体、防止窗下墙渗漏水，并为窗框安装提供坚固的基面，增加窗洞区域的刚度，有利于减少墙角部位因结构变形而产生裂缝。钢筋混凝土窗台板可以是平板式，也可以做成楔状式。最终完成后的窗台表面应向外找坡，坡度宜不小于 6%，以防止窗台平面积水。混凝土窗台板最薄处的厚度约为 80mm，混凝土强度等级不应低于 C20，混凝土内应设计钢筋。预制窗台板两端比窗洞应宽出 100mm 左右，现浇混凝土窗台板的钢筋伸入两侧墙体内的长度不宜小于 500mm。窗台板宽度设计时应根据建筑外观要求，外口可以与外墙面齐平，也可以向外挑出墙面 60mm 左右，下口做滴水槽或滴水线，以减少雨水在墙面流淌；同时，还能减少了窗台下方墙面的污染。见图 2.5.1-2。

3 门窗框四周：门窗框与墙体之间的缝隙是渗漏的主要通道之一，门窗框与墙体间的缝隙应采用聚合物水泥防水砂浆或发泡聚氨酯填充。在设计时应采用以下防水措施以作为图纸交底和施工质量控制的关键内容。

（1）留洞尺寸设计：一般窗框或副框与墙体的留置间隙为 25mm，窗框侧面有外保温时，留置的缝宽度通过计算确定。过小的缝隙不利

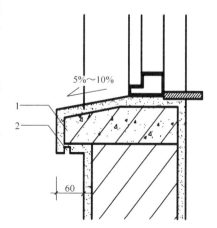

图 2.5.1-2 砌体结构窗台板

1—钢筋混凝土窗台板；2—滴水槽

于防水砂浆塞缝施工，而过大的缝隙需要用水泥砂浆修整，一方面造成了不必要的浪费，更重要的是容易造成渗漏水隐患。

（2）门窗框固定：门窗框固定点的第一排位置，距洞口边角部应≤200mm，固定点之间的间距应≤400mm。固定窗框连接件在砌体上的固定位置，设计应要求在墙体上预埋混凝土块，间距与固定点位置应协调，混凝土块的强度等级不应小于C20，混凝土块的高度与砌块应等高，宽度与墙体等厚，采用射钉将门窗框的连接件固定在预埋混凝土块上。在混凝土结构的门窗洞口边，可直接用射钉把门窗框的连接件固定在混凝土洞口的边上。门窗框的固定牢固稳定，才能保证门窗边不出现因变形而渗漏水。

（3）刚性缝隙处理设计：门窗框与混凝土结构墙之间的缝隙，设计可采用聚合物水泥防水砂浆塞缝，防水砂浆填缝应分层嵌填，后嵌填的砂浆应在前面砂浆终凝后，即在完成最大收缩变形之后再嵌填后面的防水砂浆，以弥补前面砂浆产生的收缩裂缝。嵌填用的聚合物水泥防水砂浆的强度等级不宜低于M20。飘窗与墙的交界处，填缝后外侧迎水面，应外贴丁基密封胶带，作为一道附加防水层，室内用聚合物水泥防水砂浆填平缝隙，见图2.5.1-3。

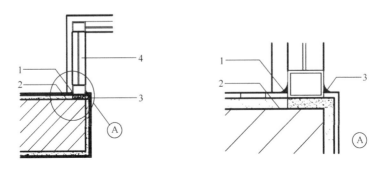

图 2.5.1-3　飘窗构造及防水

1—密封胶；2—丁基密封胶带；3—聚合物水泥防水砂浆；4—窗框

（4）柔性缝隙材料设计：刚度相对较弱的填充墙体，门窗框与砌结构墙或混凝土结构墙体之间的缝隙，应设计聚氨酯发泡胶塞缝，以防墙体变形而挤压门窗框。塞缝用的聚氨酯发泡沫胶填剂的密度应＞35kg/m^3，吸水率应＜3％，燃烧性能不低于B2级的聚氨酯硬泡，遇火不熔化、表面形成致密碳化层、无燃烧滴落物；要具有较好的阻火性能和一定的防水功能；飘窗与墙的交界处，填缝后外侧迎水面应外贴丁基密封胶带，作为一道附加防水层，室内用聚合物水泥防水砂浆填平缝隙。

2.5.2 阳台、雨篷节点防水设计

阳台和雨篷是外墙结构的一个部分。阳台是凸出建筑外墙的室外平台，提供了从室内进入户外活动的空间。阳台按照与建筑物外墙的相对位置，分为凸阳台、凹阳台和半凸半凹阳台。内阳台是指用窗封起来的阳台，所以内阳台类似于室内，防水问题与窗相似。

雨篷通常设计在建筑物出入口的上方，并凸出建筑外墙。按雨篷的结构设计方式，可分为悬挑式和墙柱支撑式两种形式。雨篷大小和形式与出入口大小、出入口人员的集中程度、建筑造型、雨雪气候环境等有关。在窗头上所设计的雨篷，除了能为窗户挡风遮雨外，还有遮阳和节能的功能。

外阳台和雨篷在下雨、下雪时，雨、雪会飘落到阳台和雨篷的平面上，当排水、防水处理不当时，除会出现阳台和雨篷自身渗漏水外，水会从阳台门槛下渗入室内，水还会从阳台、雨篷的墙根部渗入室内，还有穿过阳台板的管道、地漏等出现渗水的情况。

阳台、雨篷为墙面外挑构件，在狂风暴雨时，阳台和雨篷相当一个小屋面，相邻外墙相当女儿墙，阳台雨篷的防水设计，一方面需要考虑自身结构的防渗漏水问题，另一方面要防止平面的水侵入室内，因此，设计时应考虑到以下几个方面：

1 阳台、雨篷结构板面防水设计：现主要讨论的是现浇和预制钢筋混凝土阳台和雨篷，其他钢结构、木结构、玻璃雨篷等，在这里不作扩展。

由于阳台是一个露天或半露天的活动区域，处于温度和荷载频繁变化的状态，结构板有可能因荷载变化或温差变化产生裂缝，因此，在结构板面上应设计至少一道防水层，见图2.5.2-1。

雨篷在结构计算时应充分考虑可能出现严重积雪；当有反梁时，应计算当排水不畅、下水管堵塞时，造成积水的荷载。自由排水的、较小的雨篷板可以利用混凝土板结构自防水；因荷载或温差的变化，结构也会产生裂缝，宜结合找坡、找平采用聚合物水泥防水砂浆作细部处理，较大的雨篷应设计独立的防水层（图2.5.2-2）。

阳台和雨篷上的防水层，可选用聚合物水泥防水涂料、聚氨酯防水涂料。较大阳台、雨篷，也可选用自粘防水卷材或改性沥青防水卷材。防水层四周应上翻收头，高度不小于200mm。防水层可在阳台、雨篷翻梁的上平面收头。防水材料表面应采用细石混凝土进行保护覆盖。面积较小雨篷也可采用聚合物水泥防水砂浆进行防水。

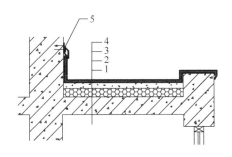

图 2.5.2-1　阳台防水构造

1—混凝土结构；2—保温层；3—保护层；

4—防水层；5—压条固定，密封胶密封

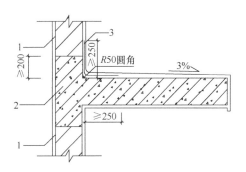

图 2.5.2-2　雨篷防水构造

1—砌体；2—混凝土雨棚与反梁；3—防水层

及防水附加层

2　阳台、雨篷防排水设计：阳台和大雨篷应采用有组织的设计排水方案，向地漏口方向找坡，排水坡度宜为 1%～3%。小雨篷可采用无组织的自由排水，向外的排水坡度宜不小于 3%。

有组织排水是将阳台、雨篷的水通过地漏，接入竖向雨水管内，再由雨水落管将各层阳台上汇集的水，引至地面下的雨水系统。

无组织排水是将阳台、雨篷上的水，沿坡向流到外边缘后自由落下。如阳台、雨篷外设有翻边时，在侧面宜设置一根穿过翻边的侧向排水管，向管道口方向找坡，引导平面水从排水管自由落下。排水管通常采用直径不小于 50mm 的 PVC 管或镀锌钢管，从阳台、雨篷的翻边向外伸出，伸出长度宜为 80mm 左右，端部切成斜口。

阳台和雨篷外沿下口都应设计滴水线或滴水槽（图 2.5.2-3、图 2.5.2-4）。

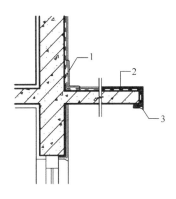

图 2.5.2-3　雨篷滴水线（槽）

1—加胎体增强的聚合物水泥防水涂膜；2—防水

及饰面构造同外墙；3—滴水线或鹰嘴

图 2.5.2-4　雨篷滴水线（槽）照片

当下沿采用水泥砂浆饰面时，滴水线可制作成滴水槽或鹰嘴；当阳台立面采用石材、面砖饰面时，可采用铝合金、不锈钢等做成滴水线（槽）。

3 阳台、雨篷墙根部的防水设计：雨雪后，阳台、雨篷平面上的积水容易从阳台、雨篷与墙面的交界之处渗入室内。结构设计时应在阳台、雨篷与墙的交接处设计混凝土反梁，混凝土反梁宽度与墙体宽度相同，高度一般不小于200mm，宜与阳台、雨篷同时浇捣，不留施工缝。混凝土反梁不仅是结构传力构件，也是为阻水而专门设置的现浇混凝土挡水坎。

在建筑找坡和细部处理时，阳台、雨篷上的外墙根部节点应用聚合物水泥防水砂浆做成圆弧状，平面防水层均应上翻至墙面250mm以上。一些没有设置防水层的小雨篷在墙根转角部位，应涂1.5mm厚聚合物水泥防水涂料作为附加防水处理，防水层在墙面和平面的宽度不小于250mm，见图2.5.2-5、图2.5.2-6。

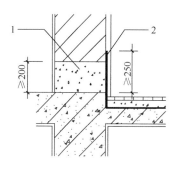

图2.5.2-5　阳台墙根防水构造

1—混凝土反梁；2—防水层

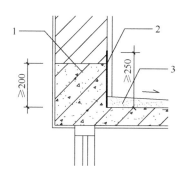

图2.5.2-6　板式雨篷防水构造

1—混凝土反梁；2—防水层；3—聚合物水泥
防水砂浆找坡

4 穿过阳台板的管道或地漏处节点防水设计：为了保证穿过阳台板的管道能够适应变形，给排水设计时都要求预埋套管（图2.5.2-7）。预留或后凿孔再穿管道时，有在管道上设计套管，也有直埋不设套管的。后穿套管或管道的四周应采用无收缩水泥灌浆料或掺膨胀剂的细石混凝土分次分层浇捣密实（图2.5.2-8）。由于套管、管道、地漏与四周的混凝土之间存在微小缝隙，管道或地漏的周边就有可能出现渗漏。在预埋套管或补浇混凝土时，应沿套管或管道四周预留凹槽，采用聚氨酯建筑密封胶进行密封。在大面积防水层施工前，还要沿管道四周增设附加防水层。附加防水层应盖过新老混凝土接缝100mm。套管与管道之间除了用无收缩水泥灌浆材料或水泥砂浆填缝外，上口还应采用密封胶进行密封。

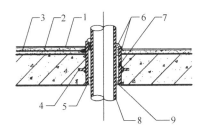

图 2.5.2-7　套管式

1—面层；2—保护层；3—柔性防水层；

4—止水环；5—预埋套管；6—密封材料；

7—水泥石棉灰嵌实；8—管道；

9—1：2 干硬性水泥砂浆嵌实

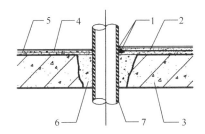

图 2.5.2-8　直埋式

1—密封材料；2—柔性防水层；3—现浇
钢筋混凝土楼板；4—面层；5—聚合物
防水层；6—C20 细石混凝土；7—管道

5　阳台地漏处节点的防水设计：阳台面应设计不小于 1% 的排水坡度，坡向地漏口位置；后安装地漏的四周应采用无收缩水泥灌浆料或掺膨胀剂的细石混凝土，分次分层浇捣密实（图 2.5.2-9），并沿地漏四周预留凹槽，采用聚氨酯建筑密封胶进行密封。

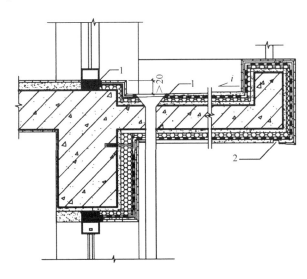

图 2.5.2-9　阳台防水防护构造

1—密封材料；2—滴水线

6　后安装雨篷的防水设计：因建筑要求或功能改变而后安装的雨篷，一般都是在主体结构完成后施工，分为门雨篷和窗雨篷两种。后安装的门雨篷有与墙面固定或斜拉相结合的结构支撑体系；板面材料有金属复合板、钢化夹胶玻璃、树脂板等。后安装的窗雨篷在住宅建筑上使用比较普遍，一方面为了挡雨，另一方面为了遮阳、节能。后安装窗雨篷的形式主要将透明塑料板和金属薄板等轻质材料安装在金属支架上，金属支架通过膨胀螺栓固定在墙面上。

门窗雨篷自身防水设计主要有玻璃之间的密封防水和金属板拼缝密封的防水等。雨篷与墙面之间的防水设计要根据墙面饰面情况及雨篷结构情况，采用金属导水板、柔性密封胶带、密封胶等材料进行防水密封。

金属导水板（泛水）设计可以采用 0.4～0.6mm 厚不锈钢、铜板等材料制作，用射钉固定在墙体结构上。泛水设计时应要求先将连接处墙面的饰面层切除，再将泛水固定在结构墙体上。泛水的上口应用密封胶或防水涂料加布进行密封。雨篷与墙面交接处用密封胶进行密封。雨篷安装时，应根据排水口的位置适当倾斜，见图 2.5.2-10。

柔性导水板（泛水）设计，应选择能弯折定型、与基层和雨篷构件紧密粘结的材料，如丁基橡胶腻子与三元乙丙或金属铝箔的复合制品。与墙面粘结宽度不小于 100mm，可以用小钉子加强固定。柔性泛水与雨篷的搭接不应小于 150mm。

柔性泛水与金属板泛水都需要固定在结构墙体上，设计应强调不得固定在抹灰层或饰面层表面，以防墙面雨水渗透至雨篷下面。墙面柔性泛水安装完成后，应在泛水表面加挂热镀锌钢丝网后，再恢复饰面层，见图 2.5.2-11。

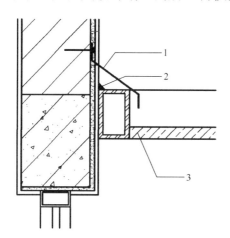

图 2.5.2-10 后装雨篷金属泛水构造

1—金属导水板，上口用密封材料或防水涂料密封；

2—密封胶；3—后安装雨篷

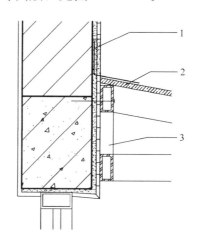

图 2.5.2-11 后装雨篷柔性泛水构造

1—丁基三元乙丙或丁基铝泛水；

2—窗雨篷面板；3—窗雨篷支架

2.5.3 墙面外挑腰线节点防水设计

建筑外墙上常设置具有立体质感的外凸水平腰线，这些水平腰线有时会层层叠叠组合在一起，形成复杂的、较宽的外挑装饰腰线群，起到丰富建筑立面的美观效果。

外挑腰线与雨篷相似，都是外挑构件，但腰线会绕着建筑物通长连续布置，对雨水起到了一个分层排出外墙面的作用，一定程度上减少了雨水在外墙面上的垂流量。外挑腰线平面应向外找坡，排水坡度宜不小于6%，保证排水通畅和减少积污。外挑腰线的下角应设计出滴水线或鹰嘴，预防污染墙面形成挂痕。

混凝土结构外墙的外挑腰线，应同步浇筑成型，混凝土腰线与结构梁或圈梁结合在一起时，腰线宜与梁底齐平，上翻部分就能起到挡水作用。

砌体结构外墙应在砌筑中用砖外挑形成腰线，由于外挑砖线脚可能存在砌筑缺陷，而且砖砌体容易渗水，因此，砌体结构砖外挑腰线应进行防水处理。在砖外挑线脚的平面以上墙面100mm和线脚以下100mm范围内应设计附加防水层，可采用聚合物水泥防水砂浆进行找平。

外挑腰线上设计的找坡、滴水线或滴水槽是为了防止雨水向墙面内渗漏，将外墙表面的雨水在滴水线位置引出墙面外；外挑腰线的构造做法见图2.5.3。

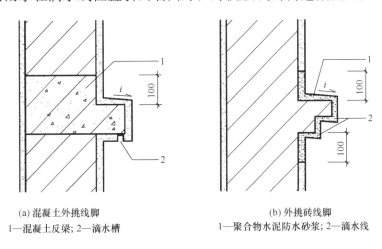

(a) 混凝土外挑线脚　　　　　　　　(b) 外挑砖线脚
1—混凝土反梁；2—滴水槽　　　　1—聚合物水泥防水砂浆；2—滴水线

图2.5.3　外挑腰线构造节点

2.5.4　外墙面分格缝节点防水设计

外墙装饰面层是指结构基层向外的构造层，包括抹灰层、找平层、防水层和饰面层。影响外墙装饰面层形成裂缝的因素很多，很难通过设计计算得出分格缝的精确间距，原因分析也很复杂，这些因素包括：季节交替、日夜、晴雨、融冻的温差变化；基层与装饰面层之间，弹性模量与强度的差异，饰面层自身能承受的变形能力；基层对装饰面的粘结、约束，同步变形时产生的应力等，都会造成饰面层的裂缝形成。

为了预防因温度缩胀而使装饰面层产生的裂缝，可通过减少饰面层的展开面积，降低温度应力最大值，使每个分格缝区域内外墙饰面层尽可能地不产生裂缝，这就是外墙面装饰面层上设计分格缝的目的。分格缝的防水设计和节点构造要求如下：

1 分格缝的间距：外墙分格缝的布置应与建筑立面形式、窗户阳台布置、层高等协调。水平分格缝宜结合窗口的位置以楼层分单位划分。垂直分格缝根据建筑立面需要，可以设置在阴角或窗口的两侧。分格区域展开面积不宜大于30m² 左右或纵横向分格缝最大间距不大于 6m。

2 分格缝节点构造：分格缝槽留置应从找平抹灰层开始，在基层上测量、弹线后，用水泥砂浆或素浆将梯形木条固定在墙体基层上；或用槽型塑料条、铝合金槽代替木条，在饰面层完成后，取出预埋的梯形木条，分格缝下口已成斜坡状，预埋在分格缝中的塑料条，一般不再回收。

3 分格缝槽深度与宽度设计：无论是涂料饰面或面砖饰面，外墙面均应设计分格缝，装饰面层和找平层的分格缝对应一致，不得设为假缝，深度一般为8~20mm，下口宜向外形成 15°左右的坡度，缝宽宜为 8~20mm。

4 分格缝的防水设计：分格缝处的渗漏原因与埋置分格缝成槽模条的固定工艺有关，与分格缝内防水构造有关。应采用聚合物水泥防水砂浆固定木条或塑料条。分格缝在木条取出后，应先对分格缝槽进行缺陷修整。在装饰面层施工前，应用聚合物水泥防水涂料对每条分格缝进行缝内涂刷，涂料厚度宜不小于1.0mm。缝内宜嵌柔性背衬材料，表面用 8~10mm 耐候密封胶密封，应根据建筑师的要求选择耐候密封胶密封的色彩，选择明缝或暗缝形式（图 2.5.4-1、图2.5.4-2）。

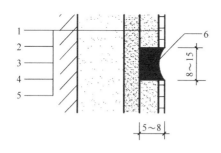

图 2.5.4-1 面砖外墙分格缝

1—饰面砖；2—面砖粘结层；3—砂浆找平层；

4—砂浆刮糙层；5—墙体结构；6—密封胶

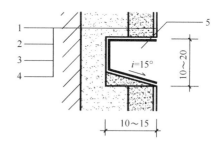

图 2.5.4-2 明缝防水构造

1—饰面涂料；2—水泥砂浆面层；

3—砂浆刮糙层；4—墙体结构；

5—1.0厚聚合物水泥防水涂料

2.5.5 穿过或嵌入外墙构件的防水设计

穿过或嵌入外墙的构件包括：穿过墙体的管道、嵌入墙体的预制构件、埋置于墙体的消防箱或混凝土空调机位等，这些构件在穿过或嵌入外墙体的部位，雨水容易从空洞或墙体与构件交界处渗入室内。各专业所用的穿墙管道或嵌入构件，应在图纸设计时综合考虑，宜预留、预埋，不宜后期钻孔、打洞再安装。在防水设计和处理方案上各自有所不同。

　　1　穿过外墙管道或孔洞的防水设计：穿墙管道和孔洞有多种用途，有空调排水管、电线穿墙管、燃气穿墙管、排气管或排气软管等，材料设计可采用金属管或塑料管道。

　　穿过外墙的管道或孔洞，应根据设备安装的设计要求，在混凝土外墙结构施工前，宜预埋套管或预留洞口。在砌体结构施工时同步预埋套管或预埋带孔的混凝土块。在使用过程中需要在外墙打孔、穿管时，也可以用混凝土取芯机进行钻孔。

　　外墙上预埋或后钻孔的管道或穿墙孔洞，应向外稍作倾斜找坡，坡度宜为5%～10%，以防止雨水倒灌（图 2.5.5-1、图 2.5.5-2）。

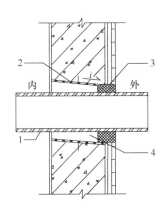
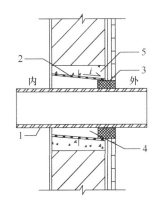

图 2.5.5-1　混凝土结构管道穿墙防水节点
1—伸出外墙管道；2—套管；
3—密封胶；4—聚合物水泥防水砂浆

图 2.5.5-2　砌体结构管道穿墙防水节点
1—伸出外墙管道；2—套管；3—密封胶；
4—聚合物水泥防水砂浆；5—混凝土预制块

　　套管与孔洞之间的空隙应采用聚合物水泥防水砂浆填充固定。套管、孔洞内与管、线之间的空隙，应用聚氨酯发泡胶或塑性胶泥等材料进行堵塞，与高温管道穿孔洞间隙可采用岩棉等填充。电线、排水软管、排油烟软管与墙洞之间的间隙，也应用聚氨酯发泡胶进行间隙填充，以防止在强风时有雨水进入室内。除了管线与墙洞间隙需要进行防水填充外，管道与墙面的交界口应采用密封胶进行密封防水。这些填充材料应具有防水、挡水的作用，同时具有保温和适应温差应变能力，见图 2.5.5-3。

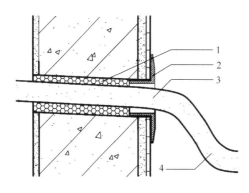

图 2.5.5-3 电线穿墙节点防水

1—发泡聚氨酯；2—塑料洞口盖；

3—电缆线；4—下弯阻水

2 外墙面上排气管口的防水设计：外墙上设计的排气管口的功能，是为了将室内的烟、气强排出室外，使用中又要能防止雨雪从洞口进入室内，构造设计时应要求：管口直径与排烟设备协调，向外有不小于 5% 的坡度，迎水面安装不锈钢防雨罩，防雨罩插入墙体的部分应采用密封胶固定，承插管面与排气管接牢。防雨罩的外口应设有不锈钢网，以防虫鼠进入，见图 2.5.5-4。

3 安装在外墙上的消防箱防水设计：安装在外墙上的消防箱，有嵌入式和外挂式两种形式。为防止安装在外墙上消防箱与墙体之间出现渗漏现象，应在深化设计时，提出有效的防水设计方案。

图 2.5.5-4 排气管防雨罩

消防箱的常规厚度为 240mm，薄型消防箱厚度有 160mm 和 180mm。消防专业在主体结构施工期间尚未进入施工现场，通常在墙体施工时，土建专业会按综合布线图为消防箱预留出洞口，在装修时才安装消防设备。消防箱安装固定后，在消防箱与预留的洞口之间一定会留有间隙。外挂式消防箱通过膨胀螺栓固定在墙体上。

嵌入式消防箱与混凝土结构、砌体结构之间的间隙应采用聚合物水泥防水砂浆填补固定，缝隙较宽时可用细石混凝土进行填实。在外墙迎水面箱体四周应做成不小于 25mm×25mm 的凹槽，槽内采用丁基密封胶带、聚氨酯密封胶或聚合物水泥防水涂料，对消防箱壁与墙体之间的交界处进行防水密封。

外墙上的外挂式消防栓箱会直接用膨胀螺栓固定消防栓箱，雨水有可能沿膨胀螺栓孔位置进入室内。在安装膨胀螺栓时，应在膨胀管内先注入密封胶，并在膨胀螺栓周边用聚合物水泥防水涂料或聚氨酯密封胶，做加强防水处理，防止雨水沿螺栓渗入室内。

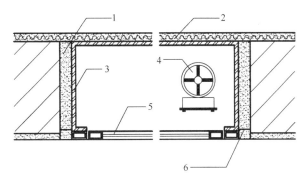

图 2.5.5-5　嵌入式消防栓箱防水节点

1—四周聚合物水泥防水砂浆；2—镀锌钢丝网或钢板网抹灰；
3—消防栓箱；4—消火栓；5—消防栓箱门；6—四周丁基密封胶带

消防箱体的背面基体上，设计应要求满挂热镀锌钢丝网或钢板网，采用聚合物水泥防水砂浆进行找平抹灰，见图 2.5.5-5。

2.5.6　外墙变形缝防水设计

根据建筑物的结构形式、平面布置、建筑的长度、地基条件等因素，结构设计时会在建筑物上设有各种形式的变形缝，包括沉降缝、伸缩缝、抗震缝，在外墙上同样会出现以上几种变形缝，这些变形缝的工作原理、变形时的相对位移都不相同。因此，遮挡外墙变形缝表面的装饰、防水盖板构造应与其变形位移方式相对应，以便在发生相对位移时保持变形缝及盖板不被破坏，同时能起到防止雨水进入的作用。外墙不同类型的变形缝防水设计略有区别但基本相同，变形缝部位都应增设卷材附加层，卷材两端应满粘于墙体，满粘的宽度不应小于 150mm，并应钉压固定；卷材收头应用密封材料密封。防水构造设计如下：

1　伸缩缝：建筑物是处在温度变化的环境之中的，如昼夜和冬夏的温差变化和季节交替，热胀冷缩会在建筑物结构内部产生附加应力，应力的大小与建筑物的长度成正比。当建筑物的长度超过一定限度时，内部的附加应力达到一定值时，建筑物就会出现开裂而破坏。为了解决由于建筑物超长而产生的伸缩变形，就要设计适应变形的伸缩缝。在设计和施工中，可利用伸缩缝将建筑物沿长度方向分为几个独立的区段，并使得每一段的长度都不超过允许的限值。这种为适应温度变化而设置的缝又被称为伸缩缝或温度缝。

伸缩缝要从基础顶面向上开始，将墙身、楼地面、屋顶面都要全部断开，伸缩缝的设计位置和间距，与建筑物所采用的材料、结构形式、使用情况、施工条件及当地的温度变化情况有关。伸缩缝一般应设在受温度和伸缩度影响容易引起应力集中或结构产生开裂可能性的最大处,伸缩缝的宽度一般宜为 20～50mm,伸缩缝盖板构造见图 2.5.6-1。

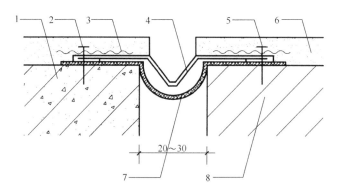

图 2.5.6-1 伸缩缝自加工盖板

1—混凝土柱;2—射钉@200;3—150 宽钢丝网;4—0.5 厚不锈钢或镀锌薄钢板;

5—水泥钢钉;6—水泥砂浆涂料饰面;7—合成高分子防水卷材两端粘贴;8—砌体墙

2 沉降缝:当建筑物因高度不同、质量不同、平面转折变化等原因,会产生不均匀的沉降,为了预防因沉降而发生的错动开裂变形,可将建筑物设计为若干个独立、自由的沉降单元,设计出垂直状的变形缝,称之为沉降缝。

沉降缝应从基础到屋顶所有构件均断开设缝,其宽度与地基的性质和建筑物的高度有关,宽度不宜小于 80mm,由设计师通过计算确定。地基越软弱,建筑物的高度越大,设置的沉降缝宽度也应越大。沉降缝可以兼起伸缩缝的作用,但伸缩缝却不可以代替沉降缝,沉降缝盖板构造见图 2.5.6-2。

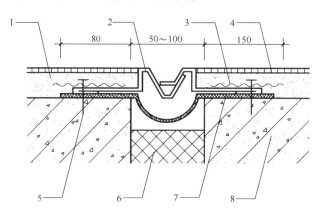

图 2.5.6-2 沉降缝自加工盖板

1—聚合物水泥防水砂浆;2—0.5 厚不锈钢或镀锌薄钢板;3—150 宽钢丝网;4—饰面层;

5—射钉@200;6—聚苯乙烯泡沫板;7—合成高分子防水卷材两端粘贴;8—混凝土柱

3　抗震缝：为了防止在地震中变形缝两侧的建筑物因相互撞击引起断裂破坏所设计的这类变形缝称为抗震缝。抗震缝的宽度与地震设防烈度有关，它要求地面以上的构件都断开。基础一般可同伸缩缝不用断开，但在平面复杂的建筑中，当建筑各相连部分的刚度差别很大时，也须将基础分开。在地震设防区域，建筑物构件的伸缩缝和沉降缝，需同时按防震缝的要求来设计，墙体结构的抗震缝应做成平口缝，可更适应地震时的摇摆。抗震缝的缝宽与地震烈度、结构类型、建筑高度有关，一般宜为 $100 \sim 200$mm，多数情况下不宜小于 100mm，抗震缝盖板构造见图 2.5.6-3。

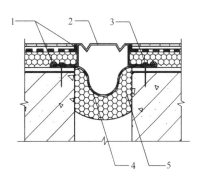

图 2.5.6-3　抗震缝自加工盖板

1—密封材料；2—不锈钢板；3—锚栓；
4—合成高分子防水卷材（两端粘结）；
5—保温衬垫材料

变形缝的结构设计，通常有双墙缝和双柱缝。双墙缝是变形缝两侧均有墙体分隔，变形缝是一个室外空间。双柱变形缝用盖板将缝的内外加以覆盖，盖板固定在柱、梁混凝土和楼板上，使变形缝部位成为室内空间的一个组成部位。

双墙变形缝相邻两侧墙面的外表面，无法按常规装修，墙体的相对防水性能较差。双柱变形缝不仅要防止雨水从屋面上向下渗漏水，还要防止楼面上的用水渗漏到楼下。外墙面变形缝的防水设计主要是预防雨水从变形缝渗漏到相邻区域的室内。女儿墙顶盖缝处理不当或屋面变形缝防水问题也会造成变形缝内进水，雨水流入变形缝两侧墙面造成渗漏水。

外墙变形缝防水构造主要是设计具有装饰效果、防水功能、适应变形的变形缝盖板，起到防水功能与美观一致的效果。盖板安装前，在变形缝靠近外墙面的 500mm 左右的墙面上涂刷聚合物水泥防水涂料，能起到辅助防水效果。

外墙变形缝盖板不仅要符合变形缝功能性要求，同时应具有防水功能。提倡采用装配式的成品构件，外墙变形缝成品构件的构造，见图 2.5.6-4、

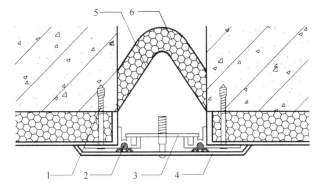

图 2.5.6-4　金属盖板型适用于伸缩缝、沉降缝

1—膨胀螺栓；2—橡胶止水条；3—不锈钢滑杆；

4—铝合金/不锈钢面板；5—三元乙丙止水带；

6—软聚乙烯泡沫塑料与镀锌钢板粘合

图 2.5.6-5。

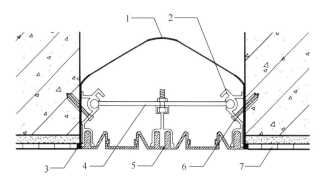

图 2.5.6-5 双列橡胶嵌平型适用于伸缩缝、沉降缝、抗震缝

1—三元乙丙止水带；2—铝合金基座；3—密封胶；
4—不锈钢滑杆；5—弹性橡胶面板；6—膨胀螺栓；7—饰面层

2.5.7 女儿墙压顶和防水设计

女儿墙压顶不仅是建筑立面收头的需要，更主要的功能是防止雨水从女儿墙平面的裂缝中进入墙体，压顶形式有混凝土和金属制品两种。女儿墙结构有砌体结构和混凝土结构两种。

1 砌体结构的女儿墙：女儿墙影响到外墙渗漏水的主要原因是女儿墙上的裂缝。女儿墙产生裂缝的位置常发生在不同墙体材料的交接面，主要是砌体女儿墙与混凝土结构屋面之间的裂缝，裂缝的产生是由于温差变化，造成不同线膨胀系数材料之间伸缩不同而形成的裂缝，雨水、雪水就会从裂缝中进入墙体、保温层、砂浆找平层、饰面层。砌体结构的女儿墙在根部应设计混凝土坎台，上翻边300mm高左右，防止屋面渗漏水影响至外墙。砌体女儿墙的构造柱间距应不大于6m；顶部应设计配筋混凝土压顶，压顶应设计出挑线，经抹灰形成滴水线，向屋面内的排水坡不小于6%。同时要在不同材料交接面用钢丝网等进行加强，并在女儿墙内侧增设附加防水层。女儿墙与屋面交界处做成45°角或圆弧以便于防水层的施工。砌体女儿墙构防水构造见图 2.5.7-1。

2 混凝土结构的女儿墙：近年来砌体结构女儿墙已较少采用，取而代之的是钢筋混凝土现浇女儿墙结构。现浇女儿墙结构的混凝土自身也会出现裂缝，一种是纵向混凝土收缩和温差共同作用产生的竖向裂缝，另一种是屋面混凝土结构与女儿墙混凝土二次浇捣的水平施

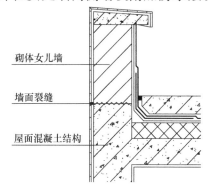

砌体女儿墙

墙面裂缝

屋面混凝土结构

图 2.5.7-1 砌体女儿墙构防水构造

工缝存在渗水通道。这些裂缝产生后都不会再愈合。女儿墙裂缝可能会产生两种影响外墙渗水的形式。一是雨水从外墙表面裂缝进入饰面层后面的砂浆层和保温层，水在重力作用下不断向下渗透，从窗边等墙体薄弱部位渗入室内。二是较大的表面裂缝有可能造成雨水进入屋面防水层背面，造成屋面渗漏现象。防止由女儿墙裂缝产生的墙面渗漏水应根据建筑的屋面结构、外墙饰面、外墙保温等因素，采取合理的防水措施。钢筋混凝土结构女儿墙的压顶应与混凝土女儿墙一次成型。压顶应设计出挑线，经抹灰形成滴水线，向屋面内的排水坡不小于 6%。女儿墙与屋面交界处做成 45°或圆弧状以便于防水层的施工。混凝土女儿墙防水构造见图 2.5.7-2。

　3　金属成品压顶：金属成品压顶可用于砌体女儿墙、混凝土女儿墙、保温外墙顶的屋面收头、幕墙顶的屋面收头等部位。金属成品压顶具有美观、耐久、安装、维修方便等优点。金属成品压顶板在女儿墙顶面的安装应先将基座固定在女儿墙上，再用扣压的方式与基座固定件连接或用不锈钢螺钉与固定件连接。通常金属成品压顶为可拆卸式安装，压顶除了安装要平整美观外，还要防止风压作用变形或振动后松动脱落。面板与面板之间一般采用密封胶进行封闭，在女儿墙顶面的外口边距外边缘 20mm 左右应用密封胶进行密封处理。金属成品压顶构造见图 2.5.7-3。

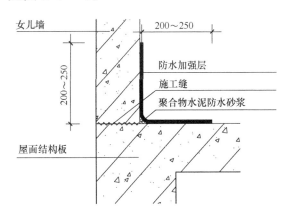

图 2.5.7-2　混凝土女儿墙构防水构造

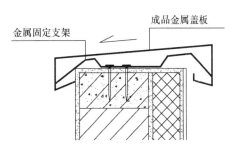

图 2.5.7-3　金属成品压顶构造

第3章 室内防水工程设计

室内有防水要求的主要部位是指卫生间、浴室、淋浴间、厨房、设有配水点的封闭阳台、设在室内的独立水容器等。室内防水设计应遵循防排结合刚柔相济、因地制宜、经济合理、安全环保、综合治理的原则。

室内工程按其重要程度分为甲类、乙类和丙类。甲类是指民用建筑、对渗漏敏感的工业和仓储建筑;乙类是指除甲类和丙类以外的建筑;丙类是指对渗漏不敏感的工业和仓储建筑。建筑室内工程按防水使用环境分Ⅰ类、Ⅱ类两个类别。Ⅰ类环境指:长期遇水场合或长期相对湿度 $RH \geqslant 90\%$;Ⅱ类环境指:间歇遇水场合。室内工程防水等级应依据工程防水类别和工程防水使用环境类别确定。室内一级防水设防:甲类工程的Ⅰ、Ⅱ类防水使用环境,二级防水乙类工程的Ⅰ类防水使用环境。室内二级防水设防:乙类工程的Ⅱ类防水使用环境,丙类工程的Ⅰ类防水使用环境。

室内防水材料的选择宜根据不同的设计部位,按柔性防水涂料、防水卷材、刚性防水材料的顺序选用适宜的防水材料;且要保证与基层、与相邻材料之间具有相容性,密封材料还应与主防水层相匹配。

主体结构完成后,应对楼地面、独立水容器的防水性能进行蓄水检验,对室内的排水管道进行通水检验,确保排水系统通畅。

室内防水工程应针对卫生间、浴室、淋浴间、厨房、设有配水点的封闭阳台、设在室内的独立容器等的防水构造、防水密封、排水系统和细部处理、节点大样、密封措施等进行深化设计。按分部分项工程分类:有楼地面防水工程、室内墙体防水工程和独立水容器工程。

3.1 楼、地面防水设计

卫生间、浴室、淋浴间、厨房、设有配水点的封闭阳台、设有独立水容器的室内楼地面都应设有防水层。与相邻房间的出入口处和门口应有阻止积水外溢的构造措施,并应设计与排水系统相连通的地漏。楼地面的防水构造设计如下:

3.1.1 楼、地面的结构基层防水设计

1 地面:地基土层夯实后,应先浇筑混凝土垫层,强度等级不宜小于C15,

厚度不宜小于100mm。地面结构层应根据地基承载力、面积大小、使用荷载要求，设计构造配筋的混凝土面层；面层的强度等级不应小于C20，厚度不宜小于80mm。地面面层混凝土内若要预埋管道，厚度不宜小于100mm。在面层上应设置找坡层、找平层，坡向地漏，作为防水层的基层。

2 楼面：有防水要求的现浇混凝土楼面，强度等级宜小于C30，厚度宜不小于100mm；楼面板内若要预埋管道，厚度不宜小于120mm。结构施工完成后应对用水房间的楼面板作蓄水试验；对发现局部有渗漏水的缺陷，应用聚合物水泥砂浆进行修复，或涂刷聚合物水泥防水涂料，在局部增设附加防水层；然后在楼面板上设置找坡层、找平层，坡向地漏，作为防水层的基层。

3.1.2 同层排水

下沉式卫生间、浴室、淋浴间、大厨房为了实现同层排水，避免干扰下层用户，直接在本层进行安装或维修各种管道，在结构上就要设计成大降板或沉箱，以方便在沉箱或降板内布置给、排水管道，或设置排水明沟。结构完成后应对沉箱、降板做蓄水试验，对发现局部有渗漏水的，应用聚合物水泥砂浆进行修复，或涂刷聚合物水泥防水涂料，并在局部增设附加防水层；然后在沉箱底设置找坡、找平层，坡向侧排水地漏，作为下层防水层的基层，下防水层宜采用耐水浸泡的防水涂料。

为了充填沉箱内的剩余空间方便日后维修，沉箱内的填充层不应选用强度过高或强度过低的、吸水率高的松散材料，宜采用1：3：5的水泥、砂、陶粒配制轻骨料陶粒混凝土作为填充材料。填充层上应设细石混凝土找平层、找坡层，混凝土的强度等级不应小于C25，厚度不宜小于30mm，原浆压光后作为上层防水层的基层。填充层的侧排水地漏，应安装在上、下两层防水层之间，贴近沉箱板底位置，并宜设计独立的泄水立管，做法见图3.1.2。

3.1.3 楼、地面的防水层设计

1 平面防水：卫生间、浴室、淋浴间、厨房、设有配水点的封闭阳台、各设有独立水容器的室内楼地面的标高，都应比相邻室内低20mm。防水区域应向门水平外延展长度不小于500mm，向两侧延展宽度不应小于200mm，见图3.1.3。

2 侧、立面防水：楼、地面防水层应上翻，高度不应小于300mm，与墙面防水层搭接应不小于100mm。楼、地面与墙面转角和交角处应设计涂料附加防水增强层，宽度应不小于150mm，防水涂料增强层厚度宜不小于2mm，排水沟防水层应与楼、地面防水层相连续。排水沟的纵向排水坡度宜大于5%，底面与

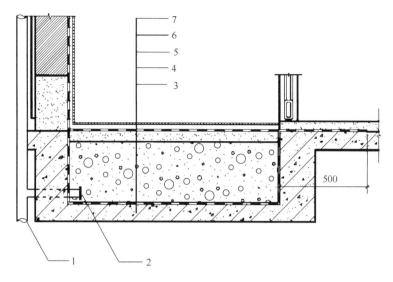

图 3.1.2　同层排水防水层及地漏构造

1—排水立管；2—侧排地漏；3—结构基层；4—箱底下层防水层；

5—填充材料；6—混凝土找平层；7—上层防水层

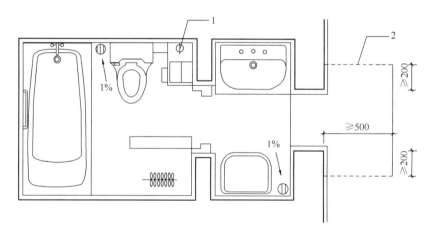

图 3.1.3　楼、地面门口防水层延展示意

1—排水立管；2—门口处防水层延展范围

侧面宜设计柔性防水层，找平层与地漏之间应留槽，并填嵌密封材料。

3　防水层设计：大型的公共厨房、卫生间楼、地面的防水层可采用聚氨酯防水涂料或设计防水卷材。设有配水点的封闭阳台、厨房，防水层可采用聚合物水泥防水涂料或单组分聚氨酯防水涂料。有填充层的厨房间、下沉式卫生间应在结构板面上和地面饰面层下各设置一道防水层，下防水层宜采用聚氨酯防水涂料，填充层应采用吸水率低的材料。上层防水层宜采用聚合物水泥防水涂料或聚合物水泥防水砂浆，并应在沉箱底部设置侧排水地漏。设有独立水容器在室内楼、地面的，防水层可采用聚合物水泥防水涂料或聚氨酯防水涂料。室内楼、地面几种不同防水材料组合的防水设计方案见表 3.1.3。

楼、地面防水层设计方案 表 3.1.3

防水材料	楼地、面防水层设计方案	工程部位
涂料防水层	2.0mm 厚聚氨酯防水涂料（内衬耐碱玻纤网格布）	楼地面或填充层上部的防水层
	2.0mm 厚聚合物水泥防水涂料（Ⅱ型、Ⅲ型）	
	2.0mm 厚聚合物水泥防水浆料	
卷材防水层	1.5mm 厚自粘聚合物改性沥青防水卷材（N 类高分子膜）	
	聚乙烯丙纶复合防水卷材（0.7mm 厚卷材＋1.3mm 厚聚合物水泥胶结料，卷材芯材 0.5mm 厚）	
	1.5mm 厚湿铺防水卷材（高分子膜）	
砂浆防水层	20mm 厚预拌普通防水砂浆（兼找平找坡≥P6）	
	5.0～8.0mm 厚高分子益胶泥（兼粘结层）	
	3.0mm 厚聚合物水泥防水砂浆	
涂料防水层	1.5mm 厚聚氨酯防水涂料（内衬耐碱玻纤网格布）	填充层下部的防水层
卷材防水层	1.5mm 厚自粘聚合物改性沥青防水卷材（N 类高分子膜）	
	1.5mm 厚湿铺防水卷材（高分子膜）	
	聚乙烯丙纶复合防水卷材（0.7mm 厚卷材＋1.3mm 厚聚合物水泥胶结料，卷材芯材 0.5mm 厚）	

3.1.4 楼、地面的细部防水构造

1 穿越楼板管道节点：室内工程的防水节点构造设计应包括地漏、防水层铺设范围内的穿墙管及预埋件等部位的防水设计。排水立管不应穿越下层住户的居室；当厨房设有地漏时，地漏的排水支管不应穿过楼板进入下层住户的居室。室内需进行防水设防的区域，不应跨越变形缝、抗震缝等部位。楼地面应设排水坡坡向地漏。用水与非用水空间出入口楼地面交接处应有防止水流入非用水房间的措施。自身无防护功能的柔性防水层应设置保护层。穿越楼板的立管宜设置防水套管，套管的高度应高出楼面装饰面层 20mm 以上，套管与管道之间应采用防水密封材料嵌填压实；穿越楼板的直埋式立管和套管周与楼板之间应设计凹槽，槽内嵌填密封胶；管道周边的楼面应采用聚合物水泥防水涂料，作附加防水加强处理（图 3.1.4-1、图 3.1.4-2）。

2 地漏：地漏口应布置在室内最低标高处，室内楼地面应向地漏方向找坡。地漏埋置后，地漏周边的楼面应采用聚合物水泥防水涂料，作附加防水加强处理。地漏与楼板之间应设计凹槽，主防水层应在槽内交接，并在槽内交接嵌填密封胶（图 3.1.4-3）。

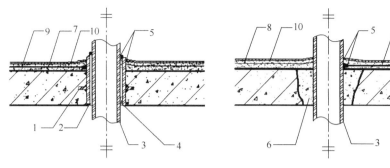

图 3.1.4-1　套管式管道　　　　　　　图 3.1.4-2　直埋式管道

1—止水环；2—预埋套管；3—管道；4—聚合物砂浆；5—密封材料；

6—细石混凝土或灌浆料；7—柔性防水层；8—刚性防水层；9—保护层；10—面层

3　地面排水沟：地面上的排水沟宜采用钢筋混凝土结构，应设计有排水功能的地沟盖板，地面应向排水沟方向找坡，坡度宜不小于 1‰，地沟内的纵向排水坡度应大于 1‰，底面与侧面宜做柔性防水层。找平层与沟底的地漏之间应留槽，并填嵌密封材料（图 3.1.4-4）。

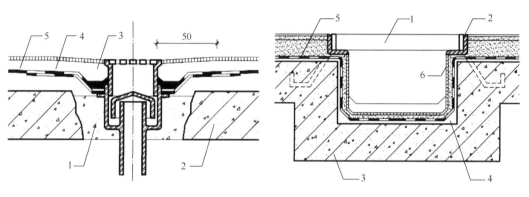

图 3.1.4-3　地漏防水节点　　　　　　图 3.1.4-4　地沟设计图

1—细石混凝土或灌浆料；2—钢筋混凝土楼板；　　1—地沟盖板；2—角钢；3—混凝土沟壁；

3—密封材料；4—防水层；5—面层　　　　　　　4—找平层；5—防水层；6—饰面保护层

4　封闭阳台防水节点：设有配水点的封闭阳台通常是在二次装修或改造时才会设计变更将其封闭。阳台外栏杆下的反坎通常会按外墙要求向内找坡，封闭前应将下坎改造成向外找坡，防止封阳台的外窗根部向内渗水，阳台外立面的防水设计同外墙防水工程。

有配水点封闭阳台楼、地面的防水设计都会向地漏方向找坡，预埋的给排水管道、排水立管、地漏等处的防水构造都等同楼、地面防水工程。在阳台配水点位置用水时、在阳台上打扫、清洗楼地面时，水还会从与阳台相邻的墙根、门槛下渗入室内，在设计上应采用以下构造措施：计算阳台结构降板面的标高，保证装修后阳台地面的标高，低于相邻地面 20mm；砌体结构的墙根应设混凝土反坎，地面上的防水层应上翻 300mm 高；与阳台相邻的门槛下应采用聚合物水泥防水砂浆进行填实，与地面主防水层之间，用建筑密封胶密封（图 3.1.4-5）。

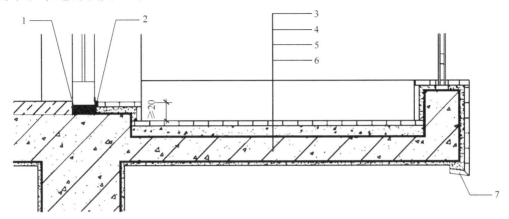

图 3.1.4-5　阳台防水构造

1—聚合物水泥防水砂浆；2—密封胶；3—地面砖；

4—细石混凝土或砂浆；5—防水层；6—阳台结构板；7—滴水线

3.2　内墙防水设计

有防水设防要求的房间，如卫生间、浴室、淋浴间、厨房、设有配水点的封闭阳台、设有独立水容器的室内，应在迎水面的内墙体上设计防水层，使墙体表面能够不吸水、不积水。为了保证隔壁房间的环境卫生，预防墙面因潮湿而发生霉变从而影响到使用功能和居住的舒适度，除墙面的迎水面要设计防水层外，同一室内的墙面和顶棚都还应设置防潮层，内墙的防水的设计和构造要求如下：

3.2.1　防水设防高度

设有配水点的封闭阳台、厨房的墙面，防水设防高度不应低于 1.2m；卫生间、设有独立水容器的室内墙面，防水设防高度不应低于 1.8m；浴厕共用、浴室、淋浴间的室内墙面，防水设防高度应至板底。当采用轻质隔墙材料时，应设计全防水墙面。

3.2.2　防水内墙基层设计

有防水设防要求房间的内墙，包括钢筋混凝土结构墙体、砌体结构墙体，结构基层的要求基本与外墙类似。

1　钢筋混凝土结构内墙：现浇混凝土强度等级不宜低于 C30，厚度不应小于 100mm，应双层双向配筋。一侧纵向钢筋的最小配筋率，应符合不小于 0.2 和 $0.45 f_t/f_y$ 中的较大值（其中：f_t 代表混凝土轴心抗拉强度设计值，f_y 代表普通钢筋抗拉、抗压强度设计值）；水平纵向钢筋宜设置在竖向纵向钢筋的外侧，水平纵向钢筋的间距不宜大于150mm；抗裂缝计算时，应按裂缝宽度不大于0.2mm进行设计验算。

2 砌体结构内墙：内墙的砌体结构有承重墙和填充墙两种。砌体结构内墙的厚度，在保证结构安全外，还应满足隔声的使用功能，一般不宜小于120mm。砌块的强度等级、密度等级和节能指标要求等，都应符合设计计算要求。砌体外墙砌筑砂浆的强度不宜小于M5。普通混凝土小型砌块和轻集料混凝土小型砌块的灰缝厚度应为8～12mm；蒸压加气混凝土砌块水平灰缝厚度和竖向灰缝厚度不应超过15mm，横向、竖向灰缝的厚度均不得小于8mm。设置抗震拉接筋或配筋砌体处的灰缝厚度不得小于钢筋直径+4mm。

3 找平抹灰层设计：找平层的抹灰材料主要有：水泥混合砂浆、水泥砂浆、掺聚合物的水泥砂浆、掺纤维的水泥砂浆和掺聚合物的水泥防水砂浆等。外墙抹灰砂浆的强度等级不宜低于M15；涂料装饰的内墙找平层抗拉强度不应小于0.25MPa；饰面砖装饰的内墙找平层抗拉强度不应小于0.4MPa。

3.2.3 内墙防水层设计

防水层设计还要根据基层的条件、装饰面层材料，选择防水材料的品种、厚度和施工要求等。内墙为涂料饰面时可选择：聚合物水泥防水涂料、各种防水砂浆。内墙为面砖时不得选用防水涂料，因为防水涂料延伸率大，与饰面层的粘结性较差，容易引起面砖空鼓甚至脱落从而存在安全隐患。饰面砖的内墙防水层设计宜选择干粉类聚合物水泥防水砂浆做防水层，优选益胶泥。砖面饰要选择小块的、轻薄的面砖，因为大块、厚重的面砖空鼓、脱落风险更大。粘贴面砖的材料应选择与墙砖配套专用的胶粘剂或聚合物水泥砂浆满浆粘贴。内墙体防水层的材料设计可以参照表3.2.3选用。

内墙面防水层设计方案　　　　　　　　　　　　表3.2.3

内墙装饰材料	内墙面防水层设计方案
涂料饰面	1.2mm厚聚合物水泥防水涂料（Ⅱ型、Ⅲ型）
	2.0mm厚聚合物水泥防水浆料
墙面砖饰面	3.0mm厚聚合物水泥防水砂浆
	5.0～8.0mm厚高分子益胶泥（兼粘结层）
干挂石材	1.2mm厚聚合物水泥防水涂料（Ⅱ型、Ⅲ型）
	2.0mm厚聚合物水泥防水浆料
	1.2mm厚聚氨酯防水涂料

注：防水材料厚度指单道防水层最小厚度。

3.2.4　内墙防水细部构造

1　抗裂缝构造：不同墙体材料的交界处应采用热镀锌钢丝加强网覆盖，每边搭接宽度不宜小于 100mm。在内墙上预留、预埋的暗铺管线处，应先用聚合物水泥防水砂浆填补、抹平，采用热镀锌钢丝加强网覆盖管道预埋槽口处，每边搭接宽度不宜小于 50mm（图 3.2.4-1），以预防墙抹灰层出现裂缝。

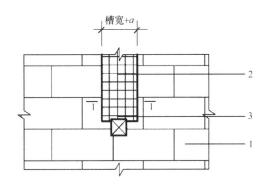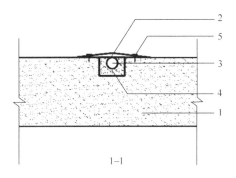

图 3.2.4-1　砌体内暗埋管槽挂网

1—砌体墙；2—槽宽＋a 加强网；3—暗埋管；4—填充砂浆；5—钢钉

注：a≥100mm，槽孔四周加强网覆盖宽度不少于 50mm

2　砌体根部防水节点：有防水要求的室内，四周砌体的根部应设计与墙体等宽，高出地面装饰面层以上 200mm，强度等级不低于 C20 的混凝土坎台（图 3.2.4-2）。

地面与墙面转角处找平层应做圆弧，设计附加防水增强层应涂 2mm 厚 300mm 宽的聚合物水泥防水涂膜；地面防水层在门口处应向外延展不小于 500mm，向两侧延展的宽度不小于 200mm；门槛石下应用聚合物水泥砂浆满浆铺贴，墙体上的防水层应覆盖在地面向的防水之上，搭接宽度不小于 100mm；门框位置上、下防水层应相互搭接，门框底与地面砖之间应进行防水密封处理（图 3.2.4-3）。

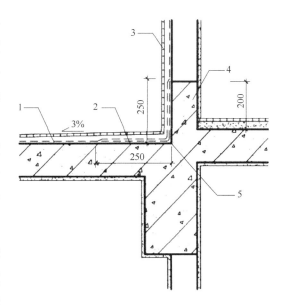

图 3.2.4-2　砌体根部节点图

1—防水层；2—附加层；3—聚合物水泥砂浆贴面砖；4—C20 混凝土与墙体同宽，200 高；5—水泥砂浆做 R50 圆角

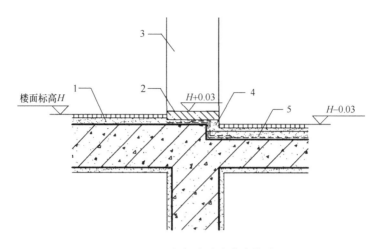

图 3.2.4-3　门框底防水节点构造

1—厅、房完成面；2—门槛石；3—门框；4—聚合物水泥防水砂浆；5—防水层

3.3　独立水容器的防水设计

设置了独立水容器的室内通常会有给排水系统，且常布置有水泵加压设备用于贮水和水处理的水池、水箱，是建筑中重要的构造物之一。独立水容器按其使用功能可分为消防水箱、生活水箱、中水水箱、集水池、膨胀水箱、补水水箱、室内游泳池和室内花园的喷泉水池、水景等，它们分别是为消防、生活用水、污水处理、排放污水、通风空调、体育娱乐和美化环境服务的。它们不仅是建筑结构的附属构件，而且也是给排水系统的一个重要组成部分。在注水、给水、冲洗、清理、检修和使用过程中，独立水容器及所在的室内的楼地面、墙面都应设计防水、防潮的功能，才能保证设备正常运转、保证使用功能。室内的墙面、地面防水设计已在前面叙述，下面讨论独立水容器的防水设计，除成品水箱外，主要研究钢筋混凝土结构的水池、水箱。

3.3.1　独立水容器位置设计

钢筋混凝土结构的水池、水箱，是高层建筑的重要组成部分。由于水池、水箱要承受存贮水和排放水时的交变荷载的作用，必须具有一定的强度、刚度和一定的抗裂、防渗、防漏能力。为了防止建筑物因温度伸缩或结构沉降而造成裂缝，不得利用建筑物的楼面板和墙体作为池底、池顶和池壁，设计时应力求保证水池、水箱在结构上的独立性。水箱与水箱、水箱与墙体之间的净距均不宜小于0.7m，有浮球阀一侧的水箱壁和墙体之间的净距不宜小于1m，水箱底、顶至建筑结构最低点的净距不得小于0.6m，以便保证结构的独立性，方便安装维修。

其混凝土强度等级不宜小于 C30，抗渗等级不宜小于 S6。大跨度结构上的游泳池宜采用井格式梁板或预应力混凝土结构。

3.3.2　附属设备设计

在具有水量调节、起到增压稳压减压和贮存一定水量的水池、水箱中，一般配有进水管、出水管、溢流管、泄水管、通气管、浮球阀或液压阀、水位信号装置或水位自动控制装置（图 3.3.2）。水池、水箱顶上一般都有检修孔、进出检修孔的钢爬梯和封闭盖板。条件许可时，水池底还要有清污用的集水坑。池壁、池底内外一般都作防腐、防渗处理；对于储存有生活饮用水的水池、水箱，其接触水体的衬砌材料、镶贴的面层或内壁涂料均不得影响水质，且应具有防漏、防渗、防腐、防霉、防止菌类、青苔、苔藓等生长和无毒、无味的特性。水池、水箱附属设备见图 3.3.2。

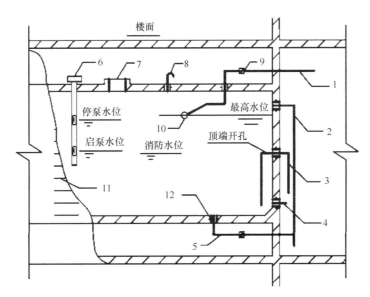

图 3.3.2　水箱的附属设备

1—进水管；2—溢流管；3—生活出水管；4—消防出水管；5—泄水管；

6—干簧管水位计；7—检修孔；8—通气孔；9—蝶阀；10—浮球阀；11—爬梯

3.3.3　独立水容器结构防水设计

现浇钢筋混凝土的水池、水箱的混凝土强度等级不应低于 C30，抗渗等级不应低于 P6。混凝土配合比中宜掺防水剂、高效减水剂和 UEA 或 AEA 微膨胀剂。水池、水箱一般都要分 2～3 次浇筑混凝土，按池底、侧墙和箱顶顺序施工，不宜设置垂直施工缝，侧壁的水平施工缝应设在底面板向上 300～500mm 处及箱顶向下 300～500mm 处。施工缝处均应设计厚 3mm、高 300～400mm 的钢板止水带，浇筑混凝土时不得碰撞止水钢板；应及时刷洗掉上面的浮浆，人工凿毛混凝土施工缝，清理冲洗界面处的松动石子和浮浆；二次浇筑前，要充分湿润界面，并铺与混凝土配合比相同的水泥砂浆；在灌注混凝土时，应沿止水钢板两侧分别振捣，要确保新老混凝土结合良好，以保证施工缝不渗不漏。

3.3.4 独立水容器防水层设计

为了保证独立水容器内的水源符合国家卫生标准，池内壁的防水层宜选用刚性防水材料。在池内狭窄空间内施工时不得采用有溶剂挥发的防水涂料，以保证施工人员的安全。独立水容器结构施工完后，应进行蓄水试验，对局部有渗漏水的位置应先用聚合物水泥砂浆进行修复；箱底、侧壁结构基层上，可涂刷渗透结晶性防水涂料，用量宜为 $1.5kg/m^2$，作为第一道刚性防水层，而后用聚合物水泥砂浆，对侧壁进行找平、对箱底进行找坡、找平，坡向排水口。第二道刚性防水层可用聚合物水泥防水砂浆，强度等级应不低于 M15，厚度宜为 $5\sim8mm$。用于生活水池的防水层、密封胶条等防水材料，要先经卫生检疫部门检验合格后方可使用，确保存水符合国家卫生标准。饰面层要选用具有防霉特性的瓷砖，或在面层上加涂一层防霉、防菌涂料。埋在室内地下的水池，其池壁、池底应采用双面防水的措施，防止水质交叉污染。中水水箱、污水池、集水坑等内存有腐蚀的独立水容器内壁，除应设计刚性防水层做附加防水外，还应设计防腐层；一般宜采用聚合物防水涂膜或聚氨酯类防水涂料，再用聚合物防水砂浆或聚合物水泥砂浆做防水保护层。

3.3.5 独立水容器防水细部构造

水池水箱的附属设备通常有进水管、出水管、溢流管、泄水管、水位信号管、通气管以及检修孔、爬梯等。

1 出水管：宜单独设置；当出水管从箱底引出时，其管口下缘应高出水箱底 150mm，以防止污物进入配水管网。

2 溢流管：应高出设计最高水位 50mm；溢流管管径应按排泄水箱最大入流量确定，并比进水管大一级；溢流管上不得装设阀门，溢流管与排水系统之间，应有防回流污染措施，如装设防污隔断阀，防止污水因排水管道堵塞而从溢流管回流至水箱。溢流管的出口处应设置网罩，以防止鼠、蛇、雀等小动物进入水箱栖居及至溺毙，网罩材料宜选用不锈钢丝网。

3 泄水管：为放空水箱和排出冲洗水而设置。由水箱底部接出并与溢流管连接，管径 $40\sim50mm$，泄水管上应设置闸阀。同溢流管一样，泄水管不得与排水系统直接连通。

4 水位信号装置：安装在水箱壁溢流管口以下 10mm 处，管径为 $\phi15$；信号管另一端通到经常有人值班的房间内，并与自动报警系统相连，以便及时检查和监控水位控制阀的工作状态。

　　5　通气管：生活饮用水池应在箱顶上设置通气管，管径一般不小于 $\phi50$；通气管上不得装设任何阀门，管口弯头应朝下设置并安装防尘滤网。

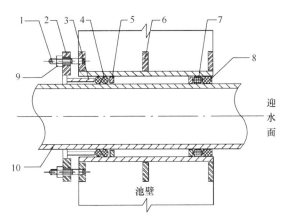

　　穿过水池水箱壁的各种管道都必须预埋防水套管。止水环处的焊缝必须饱满、连续，不得有断焊空隙。为了保证管道标高位置准确，可将套管与钢筋点焊固定。与加压泵连接的给水管道宜采用柔性套管，以便克服振动荷载，方便拆卸维修（图 3.3.5）。

图 3.3.5　穿过独立水容器管道防水构造

1—双头螺栓；2—法兰盘；3—短管；4—橡皮条；5—挡圈；
6—翼环；7—矿渣棉；8—密封胶；9—螺母；10—管道

　　独立水容器虽然是一个很不起眼的构造物，但它是保证建筑物正常使用的重要组成部分之一。设计、施工、维护管理中任何一个环节的疏漏，都会给用户带来极大的不便，甚至危及建筑物的安全使用。因此，防水设计人员应给予高度的重视。

3.4　半敞开式室内空间的防水设计

　　半敞开式室内空间是指有屋面或楼面的室内，周边有一个面或多个面向室外敞开，起到通风、通透、通视的效果。现行国家标准《建筑设计防火规范》GB 50016 规定，高层建筑或超高层建筑，每隔不超过 15 层，应设计一层避难层，发生火灾时可供人们疏散避难；同时，为了免受烟雾的侵害，通常会周边安装百叶窗，达到通风、通透的消防设计要求。临近室内、室外敞开的交通入口，以及各种连廊都属于半敞开式室内空间。但半敞开式室内空间在狂风暴雨来临时，与室外环境一样，墙面和天棚都会遭到雨水的浸湿，楼面也会出现积水。为了保证楼面积水能及时排出，防止向下一楼层渗漏水，也为了保证墙面、顶棚的防水性能，半敞开式室内空间的防水深化设计是不容忽视的重要组成部分。见图 3.4。

图3.4　半敞开式避难层

3.4.1　避难层的防水设计

避难层必须有良好的防排烟性能，方便逃生和营救，周边都要安装半敞开式的百叶窗；避难层应该配备充足的消防设施，设有消防电梯出入口、消防栓、消防卷盘、消防电话、应急广播、应急照明和消防专线电话，以及独立的防排烟设施，防水设计的主要内容有地面防水、排水、墙面防水和顶棚防水。

1　地面防水、排水设计：避难层通往楼梯间和室内楼面的标高都应比避难空间高出20mm，避难层的地面应有1‰的排水坡度，坡向地漏并与排水系统相联通，楼面构造设计应有找坡层、找平层、防水层，防水保护层和饰面层，按不大于6m×6m设分格缝，用密封胶填充缝隙。穿过楼面的管道和细部构造等都应同楼地面的防水设计。

2　墙面防水：与避难空间相邻的分隔墙，其迎水面的防水构造应按外墙的防水标准设计，砌体墙的根部应同卫生间的要求，设计宽度同墙厚，比楼面装修面高出200mm的混凝土坎台。墙面的装修材料应具有耐水性能，如用涂料饰面时，应选用耐水腻子和外墙涂料。电气开关、插座应选用有防水性能的设备。

3　顶棚防水：顶棚板底、梁面应用水泥砂浆找平，装修材料应具有耐水性能，并应选用耐水腻子和外墙涂料。安装在顶棚下的消防管道、通风管道、电缆桥架及照明灯具等都应有防水措施，按室外环境标准设计。

3.4.2　临近室外交通口半敞开的室内防水设计

敞开式或半敞开式架空层、汽车库的出入口，晴天时能遮阳、通风，方便交通。但在风雨来临时，就如同室外环境一样，地面、墙面和顶棚同样会受到雨水的侵蚀。架空层的出入口应设计台阶，室内标高应比室外高出不小于 300mm，室内地坪四周应向室外找坡，坡度宜不小于 1%。墙面和顶棚的防水设计可同避难层。汽车库的出入口交界处，地面标高应处最高点，室外地面道路应设计反向找坡，阻止地面的积水流入坡道，在室内外交界处还应设计截水沟，坡道底应再设计排水沟，把坡面的雨水引入积水坑，再用水泵排出室外，地沟盖板的强度应满足行车荷载。汽车库的出入口处在墙面、顶棚的装修材料应具有耐水性能，应选用耐水腻子和外墙涂料，见图 3.4.2。

图 3.4.2　车库入口

3.4.3　连廊防水设计

连廊原是中国古建筑的一种形式，连接建筑之间的狭长地带，上有顶且没有围护的构筑物，是落地或架空的半敞开式建筑。连廊具有开阔的视野和良好的采光效果，具有遮阳、避雨、休息、交通联系的功能，又能起到组织景观、分隔空间、增加层次的作用。连廊的结构形式有：木结构、竹结构、砖石结构、钢结构、混凝土结构等。廊顶有坡顶、平顶和拱顶等。廊顶防水设计同屋面工程，地面的防水设计应以排水设计为主，廊内地面标高宜比自然环境高出 300mm 以上，连廊两侧设排水沟，廊内的装修的材料应具有耐水性能（图 3.4.3-1）。

现代建筑学的定义，连廊是复杂高层建筑结构体系的一种，两幢或几幢高层建筑之间通过架空连廊相互连接，以满足建筑造型及使用功能的要求。连廊跨度有几米长，也有几十米长。连廊沿高层建筑竖向有布置一个的，也有布置几个的。在高层建筑物中，出于建筑功能和消防要求，搭建空中连廊，方便两塔楼之间的联系，形成行人通道。高层建筑上的架空连廊主要采用钢结构和混凝土结构，连廊一端或两端会设计铰支座，连接点会形成变形缝。连廊两侧的防护栏杆

图 3.4.3-1　园林连廊

高度应不低于 1.2m，强度和刚度应符合相关标准的规定（图 3.4.3-2）。

图 3.4.3-2　高层建筑的连廊构造

墙面：与连廊相邻的分隔墙，其迎水面的防水构造应按外墙的防水标准设计，砌体墙的根部应同卫生间的要求，设计宽度同墙厚，比楼面装修面高出 200mm 的混凝土坎台。墙面的装修材料应具有耐水性能，如用涂料饰面时，应选用耐水腻子和外墙涂料。电气开关、插座应选用有防水性能的设备。

地面：连廊地面应有 1% 的排水坡度，坡向地漏并与排水系统相联通。楼面构造设计应有找坡层、找平层、防水层，防水保护层和饰面层。穿过楼面的管道和细部构造等都应同楼地面的防水设计。

连廊端支座防水构造：连廊与两侧的主建筑物之间，在温度和荷载的作用下，是有相对变形的，地面连接处应采用成品变形缝设备，在满足和适应变形外，还要有良好的防水功能，变形两侧应采用密封胶密封，见图 3.4.3-3。

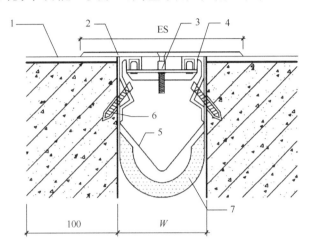

图 3.4.3-3　连廊地面变形构造图

1—装饰层；2—铝合金/不锈钢面板；3—滑竿@500；

4—铝合金基座；5—止水带；6—φ8 塑料胀锚螺栓@300；

7—阻火带按设计要求选用

连廊栏杆防水构造：连廊两侧边缘的栏杆根部应浇筑混凝土反坎基础；反坎高度应高出地面完成面 200mm 以上，顶面应向内泛水，排水坡度不宜小于 6%，预防外侧立面挂污；下部梁或板底外边缘应设滴水线或鹰嘴。栏杆高度不应小于 1.2m，栏杆顶面也应向内找坡，排水坡度不宜小于 6%。

第4章　屋面工程防水设计

建筑屋面工程的发展不仅能反映出科学技术的水平与进步，而且又可以成为一种艺术品。建筑屋面为建筑创造了丰富多彩的艺术形象，是建筑物最突出、最出彩的部位，具有符号化特征的造型意义，体现出厚重的文化内涵，是建筑设计中最重要的内容之一。屋面是建筑物最顶部起承重和覆盖的构件，一是防御自然界风、霜、雨、雪、太阳辐射的影响，起到夏季隔热和冬季保温的作用；二是承受自重及风、砂、雨、雪及人员活动、施工、检修等活荷载；三是建筑的主要组成部分，屋顶对塑造建筑形象和美观起到重要效果，既有承重、围护、装饰的作用，又有防水、排水的功能。

屋面的形式有平屋面、坡屋面、多坡折板屋面、曲面屋顶、金属屋面及采光顶玻璃屋面。他们的排水坡度特点如下：

平屋面：屋面最大坡度不超过 1%～3%，一般有现浇和预制钢筋混凝土梁板做承重结构，构造层次有：找平层、找坡层、保温层、隔离层、防水层、保护层、饰面层等，见图 4-1。

图 4-1　平屋面建筑

坡屋面：屋面坡度较大，在 10% 以上，有单面坡、双面坡、四面坡和歇山等多种形式，单面坡用于跨度较小的屋面，双面坡和四面坡用于跨度较大的屋面，常用屋面瓦来进行防水、排水和装饰，见图 4-2。

图 4-2　坡屋面建筑

多坡折板屋面：是由钢筋混凝土薄板制成的一种多坡式屋顶，板厚一般为 80～100mm，折板的波长为 2～3m，跨度达到 9～15m，折板的倾角约 30°～38°之间，每个波的截面形状多为三角形，折板屋面的防水设计基本上类似外墙面，见图 4-3。

图 4-3　多坡折板屋面建筑

曲面屋顶：屋面形状为各种曲面，如球形、双曲面、抛物曲面等，承重构件有网架、钢筋混凝土整体薄壳及悬索结构等，常见为宗教性建筑，如图 4-4 所示。

金属板材屋面：大型公共建筑、大跨度钢结构、轻型钢结构、网架结构的屋

图 4-4　曲面屋顶建筑

面，通常在主体结构上安装框架和支承构件，框架和支承构件与主体结构之间的连接，可设计螺栓连接或焊接方式。金属屋面板材与框架和支承构件之间的连接，可设计螺栓或挂钩连接。

金属板材屋面系统，是采用冷弯薄壁型钢及压形金属屋面板，配以保温隔热、隔声以及防水等材料组装而成的外围护系统。金属屋面板的排水坡度不应小于3%。排水系统可选择有组织排水或无组织排水，排水方向应顺直、无转折。设计落水口排放系统时的天沟，排水坡度宜大于1%，顺直的天沟的长度不宜大于30m，非顺直天沟长度应根据计算确定，但连续长度不宜大于20m。直立锁边金属屋面、坡度较大、下水波长度大于50m时，咬合部位节点设计应采用具有密封功能的金属屋面板材系统，见图4-5。

图 4-5　金属屋面建筑

采光顶玻璃屋面：起源于天窗的采光顶玻璃屋面，能让人们在室内仰望到天空，达到全视野无遮挡的艺术享受。如大跨度的机场、车站及宾馆、医院的中庭，采光顶玻璃屋面起到通视、采光、保温、隔热、隔声、防水、排水、装饰、围护的功能，见图 4-6。

图 4-6 玻璃采光屋面建筑

采光顶玻璃屋面构造是在混凝土结构、钢结构、网架结构、轻型钢结构的屋面梁上安装型钢框架或铝合金框架，形成支承体系，再将透光的玻璃面板固定在框架上，组成外围护结构。每个框架是一个独立的平面，但不分担主体结构所受的荷载，排水坡度不小于 3%，且与水平方向的夹角不大于 75°。采光顶玻璃屋面设计，具有跨专业的特性，支承结构通常有梁系钢结构、拱式组合钢结构、穹顶钢结构、桁架体系钢结构、网架和网壳等结构形式。

玻璃采光顶亦隶属于斜玻璃幕墙结构。采光顶玻璃屋面设计技术要求复杂、难度较大，荷载的组合计算，除考虑自重、风荷载外，还要考虑到雨、雪等荷载，不但要考虑正压力，更要考虑负压力，除要进行保温、隔热、隔声、防水、排水设计外，还须预防玻璃破碎造成的不安全因素。

各种形式的屋面设计，都必须要满足坚固、耐久、保温、隔热、防水、排水，抵御侵蚀等要求。同时还要做到自重轻、构造简单、施工方便、便于就地取材的要求，其中防水、排水设计应遵照保证功能、构造合理、防排结合、优选材料、美观耐久的原则，防水构造、细部处理也是最为重要的内容之一。

4.1 平屋面防水设计

4.1.1 屋面工程防水设防等级设计

屋面防水工程按其重要程度分为甲类、乙类和丙类三种。甲类：民用建筑、对渗漏敏感的工业和仓储建筑；乙类：除甲类和丙类以外的场所；丙类：对渗漏不敏感的工业和仓储建筑。

屋面防水工程根据使用环境，所在地 50 年重现期基本风压不大于 0.50kN/m² 时，分为Ⅰ、Ⅱ、Ⅲ三种类别。Ⅰ类使用环境：年降水量 $P \geqslant 800$mm；Ⅱ类使用环境：年降水量 200mm$\leqslant P <$800mm；Ⅲ类使用环境：年降水量 $P <$200mm。

当屋面工程所在地年降水日数大于 100d 时，防水使用环境类别应按Ⅰ类选用。防水使用环境为Ⅰ类且台风频发地区的建筑屋面工程应加强防水措施。

屋面工程防水等级应依据工程防水类别和工程防水使用环境类别确定。一级防水设防：甲类工程的Ⅰ、Ⅱ类防水使用环境，乙类工程的Ⅰ类防水使用环境。二级防水设防：甲类工程的Ⅲ类防水使用环境，乙类工程的Ⅱ类防水使用环境，丙类工程的Ⅰ类防水使用环境。三级防水设防：乙类工程的Ⅲ类防水使用环境，丙类工程的Ⅱ类防水使用环境。

4.1.2 构造层次设计

现代建筑防水是对混凝土结构的防水，注重对混凝土结构的密封和保护。传统的防水方式注重的是遮挡和导排，而遮挡式的防水允许防水层与结构层之间有间隔层，如：找平层、找坡层、保温层和加隔离层。

屋面工程特别是种植屋面，所承受的水环境不再是单一水流方向，而是360°全方位的静水压，水排不掉，稍有破损，就会窜水导致整个系统失败，因此不希望防水层与结构层之间存在隔离层。

在屋面防水时，经常遇到防水跟保温相互取舍的问题，到底防水层是做在保温层之上还是之下合理？根据混凝土建筑防水有效性的判断，防水层应做在保温层之下，做在坚实的混凝土结构上，否则防水层在保温层之上，防水层一旦出现破损，防水层之下就会形成集水层、窜水层，不但保温失效，防水也失效。

如果想让保温和防水都能发挥功效，可以采取"双防双排"的设计方案：第一道防水层做在混凝土基面上，形成密封防水层；第二道防水做在保温层上，对保温层形成有效的防护。平屋面上各个构造层次，几种叠合设计顺序，自下而上有：

1 正置式屋面：结构层、找坡层、找平层（隔气层）、保温绝热层、隔离层、找平层、防水层、隔离层、保护层、饰面层，见图 4.1.2-1。

2 倒置式屋面：结构层、找坡层、找平层、防水层、保温隔热层、隔离层、保护层、饰面层，见图 4.1.2-2。

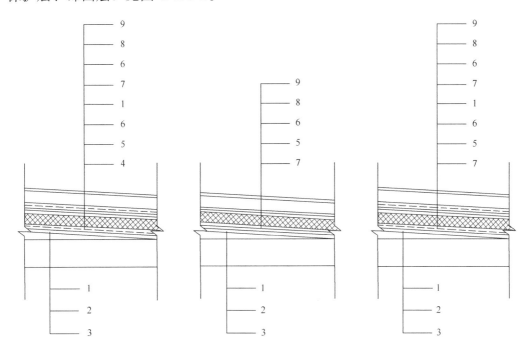

图 4.1.2-1　正置式屋面图　　　图 4.1.2-2　倒置式屋面图　　　图 4.1.2-3　双防准倒置式屋面

1—找平层；2—找坡层；3—结构层；4—隔气层；5—保温绝热层；

6—隔离层；7—防水层；8—保护层；9—饰面层

3 双防准倒置式屋面：结构层、找坡层、找平层、防水层、保温隔热层、隔离层、找平层、防水层、隔离层、保护层、饰面层，见图 4.1.2-3。

4 架空隔热屋面：结构层、找坡层、找平层、防水层、保温层、隔离层、保护层、架空隔热层。

5 蓄水隔热屋面：结构层、找平层、防水层（保温层）、隔离层、保护层、找坡层、饰面层、蓄水隔热层。

6 种植屋面：结构层、找平层、普通防水层、耐穿刺防水层（保温层）、隔离层、保护层、种植隔热层。

注：括号内的要求，应根据节能计算结果，设计时再作取舍。

4.1.3　平屋面板结构自防水设计

屋面板混凝土结构设计厚度不应小于 120mm，混凝土强度等级不应小于 C30；防水混凝土的抗渗等级不宜低于 P6，施工配合比应通过试验确定，试配混凝土的抗渗等级应比设计要求提高 0.2MPa。应设计双层双向配筋，单层纵向钢筋的最小配筋率应符合不小于 0.2 和 $0.45 f_t/f_y$ 中的较大值（其中：f_t 代表混凝土轴心抗拉强度设计值，f_y 代表普通钢筋抗拉、抗压强度设计值）；纵向钢筋的间距不宜大于 150mm；板底钢筋的保护层厚度不应小于 15mm，板面钢筋的保护层厚度不宜小于 25mm；抗裂缝计算时，应按裂缝宽度不大于 0.2mm 进行设计计算；屋面板的转角及阳角应力较为集中处尚应布置放射钢筋，可按 $\phi8@150$ 设计。混凝土的设备基础宜与屋面板同期施工，混凝土女儿墙的水平施工缝宜留在屋面板向上 300mm 外，条件许可时提倡结构找坡。

4.1.4 隔气层设计

严寒及寒冷地区，为了防止屋面结构底面、冷凝界面的内侧实际水蒸气渗透阻小于所需值；或建筑物的顶层设计为大型厨房、浴室或为恒温游泳池时，为防止水蒸气渗透到屋面结构而进入保温隔热层，在正置式屋面的保温隔热层与结构层之间，应设计隔气层。隔气层材料的基本技术指标：应要求水蒸气透过量不大于 25g/（m² · 24h）。隔气层应选择气密性、水密性好的材料，通常选用厚度不小于 0.3mm 的聚乙烯膜、聚丙烯膜。隔气层应设置在结构层上，保温隔热层之下。在施工屋面保温隔热前，平铺在平屋面结构层与保温隔热之间，隔气层应沿周边向上连续铺设，高出保温隔热层上表面不得小于 150mm，隔气层材料长边和短边的搭接长度都不宜小于 100mm。

4.1.5 找坡层设计

平屋面提倡设计结构找坡，对节约材料、减轻自重是非常有利的，但该方案会影响到顶层顶棚的观感效果，如顶棚有吊顶做装修时，宜设计成结构找坡形式，结构找坡的坡度不宜小于 3%。建筑找坡材料的选择，不宜采用强度低、松散、吸水率高的材料，一旦找坡层局部受损后，就会在松散的找坡层中蓄水和窜水，对日后的使用和维护非常不利。在结构承载力能保证的基础上，应采用 C25 细石混凝土做找坡层，可从零开始，原浆压光，这是较为合理的设计方案之一。对陶粒混凝土的配比进行优化，将 1∶8 的水泥、陶粒找坡层，改为 1∶3∶5 的水泥、砂、陶粒，使其强度不低于 C10，在表面用 M20 水泥砂浆找平和精细找坡，作为防水层的基层。材料找坡的坡度不宜小于 2%。也有将防水层上的混凝土保护层与找坡层合二而一的设计方法，可针对分水线、设备基础、排水口、分格缝、装修材料要求进行精细化找坡，确保屋面排水通畅，不得出现积水现象。

4.1.6 找平层设计

平屋面工程防水构造层次中的找平层，其功能与作用，主要是为了找平防水层的基层，为防水层的施工提供一个清洁、平整、光滑的基面；在找平施工的同时对细部进行处理，使转角、阴阳角、管道周、高低差、雨水口等边缘处，形成圆弧、缓坡或钝角，预防防水层在拐点处因应力集中出现开裂或脱开。

屋面板施工完成后，在施工凸出屋面的电梯机房、楼梯间，屋面构架等主体结构时，通常要把屋面板作为临时施工场地使用，当进入装饰、装修阶段，要进行屋面板上的防水层施工时，顶板表面已不可能十分光滑平整了，为了保证防水层的基层细部处理到位，就应设计水泥砂浆找平层，故应在防水层与结构基层之间、在保温隔热层与防水层之间、在轻质材料找坡层与防水层之间、在防水保护层与饰面层之间，应设计找平层。在坚实的结构基层上、在细石混凝土保护层上，找平层宜采用聚合物水泥砂浆或 1:2 水泥砂浆，强度等级不宜小于 M20，找平层厚度不宜小于 20mm。在保温隔热层之上、在轻质材料找坡层之上，与防水层之间应设计厚度不小于 30mm，强度等级不小于 C25 的细石混凝土找平层，并利用找平的机会完善节点细部处理。找平层可不设分格缝，原浆压光，并应及时养护，作为防水层的基层。如在防水层下设计了找坡层，可结合找坡、找平要求一并一次完成。

4.1.7 保温隔热层设计

平屋面板上设计保温、隔热层的目的，是为了提高在建筑物顶层的居住和工作环境，做到舒适、节能、环保。保温、隔热层的材料宜选择吸水率低、密度和导热系数小、并有一定强度的保温隔热材料。根据屋面所需传热系数和热阻要求，选择合适的保温隔热材料，具体可见表 4.1.7。

保温隔热材料   表 4.1.7

保温隔热层	保温隔热材料名称
塑料材料	聚苯乙烯泡沫塑料、硬质聚氨酯泡沫塑料
板状材料	膨胀珍珠岩制品、泡沫玻璃制品
块状材料	加气混凝土砌块、泡沫混凝土砌块
纤维材料	玻璃棉制品、岩棉制品、矿渣棉
整体材料	喷涂硬泡聚氨酯、现浇泡沫混凝土

屋面如作为停车场地，还应通过荷载计算确定保温隔热层的强度。纤维保温隔热材料应设计预防压缩的构造，保温隔热层宜设计排气构造。

4.1.8 平屋面排水设计

屋面排水系统是指通过屋面的防水构造、排水坡度、导水装置，将落在屋面上雨水、雪水迅速排出，特别是在暴雨来临时，要在短时间内把形成的积水及时排除到室外，防止屋面的积水溢流，造成向室内渗水。为了能够有效地使积水迅速排出屋面，就应进行周密的排水设计。

1 排水组织设计：无组织排水，又称为自由排水，是指屋面上的雨水直接从檐口落至地面，但仅适用于单层或一般低层建筑，或少雨地区。有组织排水是指将屋面雨水汇集后，集中通过雨水口流到排水管道，有组织地排到室外地面，或排到地下管道，通常都应按有组织排水方案进行设计。

2 排水方式设计：在平面和立面上布置的排水立管，有外排水和内排水两种方式。外排水有从女儿墙排水、从天沟、檐沟排水三种，是在建筑物周边的外立面上设计排水立管。内排水是指将排水立管设计在外墙的内侧，或建筑物的内部，多跨建筑的中间跨等位置，高层、超高层建筑，大跨度建筑、多跨建筑为了适应立面造型和美观要求，寒冷地区为防止落水管冻坏，均应采用内排水的设计方案。

3 汇水面积设计：雨水口的平面布置，首先应将屋面划分成若干个排水区域，然后通过适宜的排水坡度、排水天沟、排水檐沟，分别将雨水引向各自的落水口，再排至地面。按屋面展开面积设计，每个落水口宜控制不大于 $200m^2$。按汇水面积设计，每个落水口宜控制不大于 $250m^2$，汇水面积应包含凸出屋面墙体的展开面积。

4 排水沟和落水口设计：排水天沟及排水檐沟的纵向排水坡度不应小于 1%，纵坡的最高处与天沟上口的距离不宜小于 100mm，矩形天沟的净宽度不宜小于 200mm，落水口的内径不宜小于 75mm，落水口的间距一般宜为 18～24m，落水口周边 250mm 半径范围内应比周边低 20mm，落水口上的雨水罩应至少有三个面，或周边都能进水。

5 雨水管排水量设计：雨水管的排放量，应以不小于 50 年重现期的最大降雨量为计算依据，并应设计溢流设施，以保证屋面结构承载力的安全性。同一根立管上承接不同高度的雨水斗时，最低斗的几何高度不应小于最高雨水口高度的 2/3；2/3 以下高度的雨水口，应单独设计排水立管。高层、超高层建筑裙楼上的雨水口应与独立的排水管连接。立管上的检查口和清扫口应设置在便于检修操作的位置；立管与悬吊水平管连接部位应设计检查口和清扫口；各检查口和清扫口处宜增设泄水装置，以保证发生故障时，能够实现有组织排水，减少水患影响。

6 排水管承载力设计：重力流的排水系统，在小流量时排水管处于重力流状态，但在大流量时，又处于压力流状态；雨水管下部为正压区，上部为负压区，压力的零点随流量的变化而变动。流量增大时，压力的零点会向上移动，悬吊水平管的末端处于负压，始端处于正压。应选用能够承受静水压力的管材，最高压力等于屋面雨水口高度，高层、超高层建筑所用的管材、配件和接口方式，额定承压不应低于最高屋面的雨水口高度，且要承受 0.5 个大气压的真空负压，屋面每个汇水面积内，雨水排水立管不宜少于 2 根。对于压力雨水系统，雨水管道必须选用承压的管材、配件和接口方式，工作压力应大于建筑净高度产生的受静水压力且要承受 0.9 个大气压的真空负压。应选用内壁光滑的金属管道、塑料管道或其他复合管材，如高强度聚乙烯管材，管材的抗环变形的外压力应大于 0.15MPa。

4.1.9　平屋面防水层设计

屋面防水工程应根据建筑的类别、重要程度、使用功能要求，确定防水设防等级，并按照相应等级进行防水层设计。屋面防水等级和设防要求见表 4.1.9-1。

平屋面防水等级和设防要求　　　　　　　　　　表 4.1.9-1

防水等级	建筑类别	防水要求
I	重要建筑、高层建筑、住宅公寓、公共建筑	两道及以上防水设防
II	一般建筑、次要部位、临时建筑	一道及以上防水设防

1　防水材料：宜采用涂卷结合、优势互补的设计方案；也可采用两道材性相容的卷材直接复合的设计方案。重要建筑、高层建筑、住宅公寓、公共建筑的屋面，都应按一级防水设防标准进行设计，应有两道及以上的柔性防水层。种植屋面的上层防水层应设计为防水卷材，该层防水卷材还应具有耐根穿刺性能。次要部位如出屋面的楼梯间、电梯机房、雨篷等不上人屋面，至少也要设计一道及以上防水设防。

2　防水层设计的技术要求：屋面结构的转角处、节点位置、防水材料容易被拉裂的部位，应设置附加防水加强层；涂膜附加防水加强层中，应布置抗裂纤维或无纺布；卷材附加防水加强层，宜设计为空铺、点粘、条粘或机械固定；结构易发生较大变形、易渗漏和损坏的部位，也应设计卷材或涂膜附加防水加强层；防水卷材与防水涂料直接复合时，涂料应设计在卷材之下，施工时应先涂后卷，尚应待涂料实干后再施工防水卷材；热熔防水涂料宜与需要热施工的卷材复合，否则应待热熔防水涂料冷却后，再施工防水卷材。卷材与防水涂料防水层上应设计保护层，在刚性保护层与卷材、涂料防水层之间，还应设计隔离层。卷材或涂料与基层处理剂、卷材与卷材、卷材与涂料复合时、卷材与胶粘剂或胶粘带，相互之间应具有良好的相容性。

3 防水层设计：屋面防水设防等级为按Ⅰ级防水设防，按不同使用年限、不同防水设防等级、不同使用功能的要求，推荐以下几种不同防水材料、不同组合的防水设计方案。普通非种植屋面Ⅰ级防水设防见表 4.1.9-2。种植屋面Ⅰ级防水设防见表 4.1.9-3。

普通非种植屋面Ⅰ级防水设防设计方案　　　　　　　　表 4.1.9-2

2.0mm 厚聚合物水泥防水涂料（Ⅰ型）（+50g 无纺布）	1.5mm 厚自粘聚合物改性沥青防水卷材（N 类高分子膜）
	3.0mm 厚自粘聚合物改性沥青防水卷材（PY 类）
2.0mm 厚聚氨酯防水涂料	3.0mm 厚自粘聚合物改性沥青防水卷材（PY 类）
	1.5mm 厚自粘聚合物改性沥青防水卷材（N 类高分子膜）
2.0mm 厚非固化橡胶沥青防水涂料	3.0mm 厚 SBS 弹性体改性沥青防水卷材（Ⅱ型 PY 类）
	3.0mm 厚自粘聚合物改性沥青防水卷材（PY 类）
	1.5mm 厚自粘聚合物改性沥青防水卷材（N 类高分子膜）
1.5mm 厚自粘聚合物改性沥青防水卷材（N 类高分子膜双面粘）（或）1.5mm 厚湿铺防水卷材（高分子膜双面粘）	1.5mm 厚自粘聚合物改性沥青防水卷材（N 类高分子膜）
	1.5mm 厚湿铺防水卷材（高分子膜）
	3.0mm 厚自粘聚合物改性沥青防水卷材（PY 类）
3.0mm 厚 SBS 弹性体改性沥青防水卷材（Ⅰ型 PY 类）	3.0mm 厚 SBS 弹性体改性沥青防水卷材（Ⅰ型 PY 类）
3.0mm 厚自粘聚合物改性沥青防水卷材（PY 类双面粘）	1.5mm 厚自粘聚合物改性沥青防水卷材（N 类高分子膜）（或）1.5mm 厚湿铺防水卷材（高分子膜）
3.0mm 厚湿铺防水卷材（PY 类双面粘）	
1.5mm 厚湿铺防水卷材（高分子膜双面粘）	1.5mm 厚自粘聚合物改性沥青防水卷材（N 类高分子膜）
聚乙烯丙纶复合防水卷材（0.8mm 厚卷材+1.3mm 厚聚合物水泥胶结料）×2	

种植屋面Ⅰ级防水设防设计方案　　　　　　　　表 4.1.9-3

第一道防水层	第二道防水层
2.0mm 厚非固化橡胶沥青防水涂料	4.0mm 厚耐根穿刺改性沥青防水卷材
	4.0mm 厚自粘耐根穿刺改性沥青防水卷材
1.5mm 厚自粘聚合物改性沥青防水卷材（N 类高分子膜）	4.0mm 厚耐根穿刺改性沥青防水卷材或 4.0mm 厚自粘聚合物耐根穿刺改性沥青防水卷材
1.5mm 厚湿铺防水卷材（高分子膜）	
3.0mm 厚自粘聚合物改性沥青防水卷材（PY 类）或 3.0mm 厚湿铺防水卷材（PY 类）	

第一道防水层	第二道防水层
3.0mm 厚自粘聚合物改性沥青防水卷材（PY 类）	4.0mm 厚 SBS 耐根穿刺改性沥青防水卷材
3.0mm 厚湿铺防水卷材（PY 类）	
2.0mm 厚聚合物水泥防水涂料＋（0.8mm 厚聚乙烯丙纶复合防水卷材＋1.3mm 厚聚合物水泥胶结料）×2	

注　1. 防水涂料或防水卷材厚度指单道防水层最小厚度。

　　2. 当聚氨酯防水涂料与沥青防水卷材复合时，宜设置 20mm 厚 M15 的水泥砂浆隔离层。

普通非种植屋面Ⅱ级防水设防，至少应设计一道防水层，见表 4.1.9-4。

普通非种植屋面Ⅱ级防水设防方案　　　　　　表 4.1.9-4

材料类型	单道防水层设计
涂料防水	2.0mm 厚聚合物水泥防水涂料（Ⅰ型）（＋50g 无纺布）
	2.0mm 厚聚氨酯防水涂料（内衬耐碱玻纤网格布）
	2.0mm 厚非固化橡胶沥青防水涂料
卷材防水	2.0mm 厚自粘聚合物改性沥青防水卷材（N 类高分子膜，PY 类）
	2.0mm 厚湿铺防水卷材（高分子膜）
	4.0mm 厚 SBS 弹性体改性沥青防水卷材（Ⅰ型 PY 类）
聚乙烯丙纶复合防水卷材（0.8mm 厚卷材＋1.3mm 厚聚合物水泥防水胶结料，卷材芯材 0.6mm 厚）×2	

4.1.10　平屋面细部构造防水设计

平屋面细部构造应包括檐口、檐沟和天沟、女儿墙和山墙、水落口、变形缝、伸出屋面的管道、屋面出入口、反梁过水孔、设备基础等部位。细部构造设计应做到多道设防、复合用材、连续密封、局部增加，并应满足使用功能、温度变形、施工环境条件和可操作性等要求。檐口、檐沟外侧下端及女儿墙压顶内侧下端等部位均应作滴水处理，滴水槽宽度和深度不宜小于 10mm。

1　檐口防水细部构造：屋面外挑檐口通常不会直接造成屋面和外墙的渗漏水，当檐口防水收头节点局部受损或有疏漏时，雨水会从收头处渗入，造成平面窜水，引起屋面局部出现渗漏水；檐口是外墙的最高端，雨水汇集到此部位后再往下流淌，如果檐口倒泛水，会使雨水进入外墙的饰面层或保温层，影响建筑外墙防水性能，造成外墙渗漏水。卷材防水屋面，在屋面檐口 800mm 范围内的卷材应满粘，卷材收头处应采用金属压条钉压，并用密封材料封严，见图 4.1.10-1。涂料防水屋面，在屋面檐口的涂膜收头处，应用防水涂料多遍涂刷，中间设置抗裂纤维，见图 4.1.10-2。檐口的下端都应做鹰嘴和滴水槽，预防倒泛水。

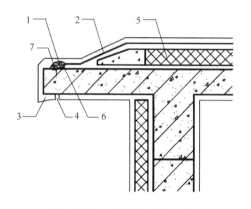 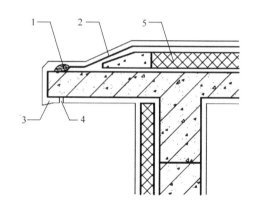

图 4.1.10-1　卷材防水屋面檐口　　　　图 4.1.10-2　涂料防水屋面檐口

1—密封材料；2—卷材防水层；　　　　1—涂料多遍涂刷；2—涂料防水层；

3—鹰嘴；4—滴水槽；5—保温层；　　　　3—鹰嘴；4—滴水槽；5—保温层

6—金属压条；7—钢钉

2　檐沟和天沟防水细部构造：屋面的檐沟和天沟通常不会直接造成到屋面和外墙的渗漏水。当檐沟局部破损或檐沟溢水时，就会造成屋面积水，影响到屋面的防水功能。当排水不畅雨水会大量从檐沟和天沟溢出，沿外墙壁顺流而下，此时外墙面的淋雨水量增大，造成窗户等部位渗漏水，而且严重污染墙面。为预防檐沟和天沟雨水管道堵塞，应设计溢水孔。檐沟和天沟底四周应设计滴水线、滴水槽，预防"倒泛水"情况，阻止水从外挑檐沟底延淌至墙面，造成外墙渗漏水。屋面的檐沟和天沟在施工防水层前，应先增设附加防水增强层。附加防水增强层应伸入屋面防水层之下，宽度应大于 250mm。檐沟和天沟的附加防水增强层应由沟底面向上翻到外侧的顶部，卷材收头处应采用金属压条钉压，并应用密封材料封严。涂料防水屋面应用防水涂料多遍涂刷，中间设置抗裂纤维。檐沟和天沟外侧的下端都应做鹰嘴和滴水槽，预防倒泛水，见图 4.1.10-3。檐沟外侧高于屋面板时，应设计溢水口。

3　女儿墙和山墙防水细部构造：女儿墙与屋面交界处，是屋面防水层的收口处，该处的防水节点构造是保证防水层不窜水的起点。女儿墙又是外墙的最高端，相似部位有山墙、非上人屋面的矮挡墙等，水最先落到此部位，然后会往下流淌。如外墙面砖、保温层、抹灰层在女儿墙顶端收头部位，防水处理不当或开裂，雨水进入外墙饰面层或保温层后，会影响整体建筑的外墙防水。砌体女儿墙根部与屋面结构板或混凝土反坎之间，由于收缩变形，产生饰面层裂缝，雨水从外墙面裂缝处渗入，造成渗漏水现象。同样由于女儿墙根部与屋面结构板之间产生的裂缝，当屋面防水层破坏或防水层收头处理不当时，水会从屋面防水后面

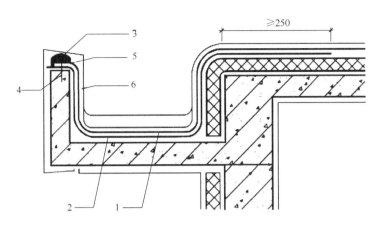

图 4.1.10-3　檐沟和天沟节点

1—防水层；2—附加防水增强层；3—密封胶；
4—钢钉；5—金属压条；6—保护层

"抄后路"渗出女儿墙，造成墙面渗漏。

　　4　女儿墙根部的防水构造：女儿墙泛水处的防水层之下，应先增设附加防水增强层；附加防水增强层应伸入屋面主防水层之下，宽度应大于250mm，并向女儿墙立面的延伸高度，宜不少于300mm，并大于屋面的泛水高度。女儿墙节点的防水保护层，应与屋面防水保护层保持连续。

　　5　低女儿墙泛水处的防水构造：防水层可直接铺粘或涂刷到压顶下，卷材收头处应采用金属压条钉压，并应用密封材料封严。涂料防水屋面应用防水涂料多遍涂刷，中间设置抗裂纤维，见图 4.1.10-4。

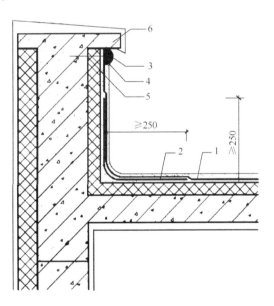

图 4.1.10-4　低女儿墙泛水处的防水构造

1—防水层；2—附加防水增强层；3—密封胶；

4—金属压条；5—钢钉；6—压顶

　　6　高女儿墙泛水处的防水构造：防水层的泛水高度宜不少于300mm，并大于屋面的泛水高度。防水卷材收头处应采用金属压条钉压，并应用密封材料封严；涂料防水屋面应用防水涂料多遍涂刷，中间设置抗裂纤维，见图 4.1.10-5。

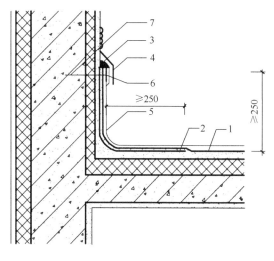

图 4.1.10-5　高女儿墙泛水处的防水构造

1—防水层；2—附加防水增强层；3—密封胶；

4—金属盖板；5—保护层；6—金属压条；7—钢钉

7　女儿墙压顶的防水构造：女儿墙压顶不仅是建筑立面的需要，更主要的功能是防止雨水从女儿墙平面的裂缝进入墙体。多层建筑工程中，女儿墙普遍为砌体加构造柱结构，顶部采用配筋混凝土压顶。由于砌体与混凝土的线膨胀系数不同，在热胀冷缩温差作用下，两种不同材料的交接面往往会产生裂缝。高层建筑多为钢筋混凝土结构，顶部不再单独设置混凝土压顶，有时会在支模时做出挑线，经抹灰形成滴水，砖砌女儿墙一般采用配筋现浇混凝土压顶，压顶与女儿墙的构造柱相连，见图 4.1.10-6。

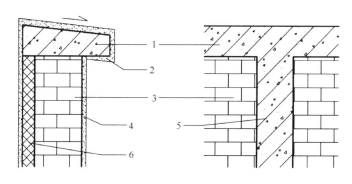

图 4.1.10-6　砌体女儿墙混凝土压顶

1—配筋混凝土压顶；2—鹰嘴；3—砌体女儿墙；4—饰面层；5—构造柱；6—保温层

8　落水口防水构造：落水口雨水斗的材料主要有金属制品和塑料制品两类，有铸铁、不锈钢、PVC 等，型号大小也不尽相同，型号选择与排水量、墙体厚度等有关，落水口的金属配件应作防腐、防锈处理。雨水斗分直式落水口和横式落水口，雨水斗可以与结构施工时一起埋置，也可以施工时留置孔洞，或后凿孔安装。雨水斗与屋面板或女儿墙之间的间隙，应用水泥砂浆或细石混凝土填实，必要时可采用机械固定。雨水斗安装固定后，应先进行附加防水层施工，在水落口的四周及水落口内侧防水层收头处，采用与主防水层材性相容的防水涂料进行加强防水密封处理，也可采用密封胶进行防水密封。

重力流屋面排水工程与溢流设施的总排水能力不应小于 10 年重现期的降

雨量。防水等级为二级及以上时，屋面排水工程与溢流设施的总排水能力不应小于 50 年重现期的降雨量，屋面排水系统落水口部位应按照设计要求采取防堵措施。

直式落水口是安装在屋面内的，节点密封不严就会造成管道周边渗水。水落口周边应下凹形成集水槽，凹槽内用水泥砂浆向雨水斗找坡。水落口的下边缘应与结构板平，使水落口处于屋面最低处。屋面防水层均需要伸入水落口内收头，使雨水直接进入雨水斗内。横式落水口的雨水斗是安装在屋面女儿墙根部，侧排承水接口周边密封不严，雨水会从侧排水落口周边流出至外墙面，造成墙面长期潮湿渗水。雨水斗出墙面后，与竖向雨水管衔接有两种方法，一种是雨水斗与雨水管直接连接，另一种是在雨水斗出墙面后的下方，安装一承水斗，屋面雨水通过雨水斗落入承水斗内，再进入雨水管，起到防止管内气塞回气、整流的作用。当采用通过承水斗将雨水接入雨水管的方法时，应注意承水斗的承水量大小与安装高度，防止雨水从屋面冲入水斗时发生外溢，使墙面处于经常性的潮湿状态，防止墙面出现渗漏水现象。

落水口应牢固地固定在承重结构上，埋设标高应考虑附加防水层和排水坡度的加大尺寸；落水口周围半径 250mm 范围内坡度不应小于 5%，在屋面主防水层下，落水口周围应另设附加防水增强层；防水层和附加防水增强层应伸入落水口内不小于 50mm，并粘结牢固。落水口按平面布置的位置，分直式落水口和横式落水口，防水构造见图 4.1.10-7、图 4.1.10-8。

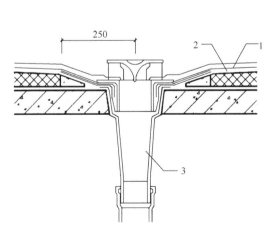

图 4.1.10-7　直式落水口

1—防水层；2—附加防水增强层；

3—落水口

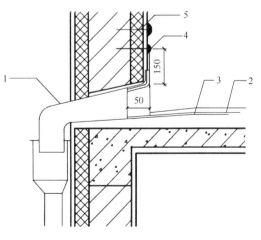

图 4.1.10-8　横式落水口

1—落水口；2—防水层；3—附加防水增强层；

4—密封胶；5—钢钉

9　变形缝防水构造：屋面变形缝有等高变形缝和高低跨变形缝两种形式。当变形缝的构造或所用的材料，不能适应建筑的变形产生裂缝后，雨水就会从变形缝渗入室内。

屋面雨水天沟、檐沟不得跨越变形缝，屋面变形缝泛水处的防水层下应设附加层，附加层在平面和立面的宽度不应小于 250 mm；防水层应铺贴或涂刷至泛水墙的顶部。

材料选用：变形缝内应预填不燃保温材料，上部应采用防水卷材封盖，并放置衬垫材料，再在其上干铺一层卷材；等高变形缝顶部宜加扣混凝土或金属盖板；变形缝泛水处防水层下应设卷材附加层，变形缝顶应覆盖混凝土或金属盖板。

构造设计：变形缝收头处的标高，应不小于 250mm，并大于屋面的泛水高度；变形缝泛水处的防水层下应增设附加层，附加层在平面和立面的宽度不应小于 250mm，防水层应从屋面铺贴或涂刷至泛水墙的顶部；变形缝处的防水层采用卷材，防水层在接缝处留成 U 形槽，并用衬垫材料填好，确保当变形缝产生变形时卷材不被拉断；变形缝泛水处的防水层应和变形缝处的防水层重叠搭接做好收头处理，盖板应做滴水处理。高低跨变形缝在立面墙泛水处应选用变形能力强、抗拉强度好的材料对接缝构造进行密封处理。高低跨变形缝在立墙泛水处，应采用有足够变形能力的材料和构造作密封处理。等高变形缝和高低跨变形缝的节点大样，见图 4.1.10-9 和图 4.1.10-10。

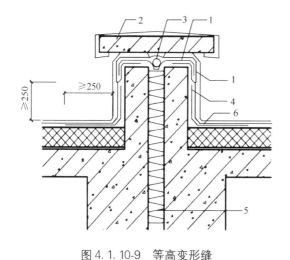

图 4.1.10-9　等高变形缝

1—卷材封盖；2—混凝土盖板；3—衬垫材料；
4—附加层；5—不燃保温材料；6—防水层

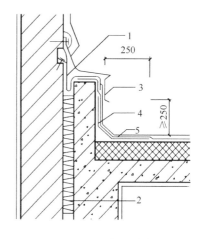

图 4.1.10-10　高低跨变形缝

1—卷材封盖；2—不燃保温材料；3—金属盖板；
4—附加层；5—防水层

10　伸出屋面的管道防水：从屋面伸出来的管道主要有给水管道、排水管道、透气管和排气管道。消防管、通往水箱的给水管道、太阳能热水管等有压管道，通常要在屋面板上预留钢套管道，再安装管道；排水管道、透气和排气管道通常要在屋上先预留洞口，要在管道和套管周围填实细石混凝土，管道周边必须设计附加防水加强层、防水层和密封材料，经过多道设防后，才能预防管道周边不出现渗漏水。伸出屋面的管道周边的找平层应抹出高度不小于 30mm 的排水坡；管道泛水处的防水层下应设计附加防水增强层，附加防水增强层在平面和立面上的宽度均不得小于 250mm；管道泛水处的防水层不得低于泛水高度和250mm；卷材收头处应用金属箍紧固，并密封严密。涂料收头处应用防水涂料多遍涂刷。伸出屋面的管道节点大样，见图 4.1.10-11；从保温层伸出屋面的排气管道节点大样，见图 4.1.10-12。

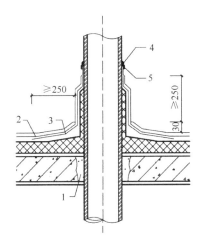

图 4.1.10-11　伸出屋面的管道

1—细石混凝土；2—卷材防水层；3—附加防水层；

4—密封胶；5—金属箍

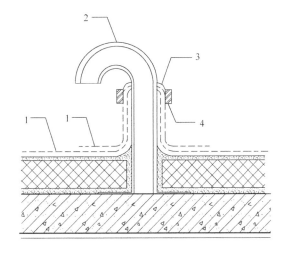

图 4.1.10-12　从保温层伸出屋面的排气管道

1—防水层；2—排气管；3—密封材料；

4—金属箍

11　屋面的出入口防水：进入屋面的出入口主要有：从楼梯间或室内水平进入屋面的门洞口，还有在屋顶上设置的矩形洞口，供人从爬梯垂直进入屋面。

进入屋面的门洞口，通常要设计向外开启的防火门，它是逃生和疏散的通道，处于常闭状态。门头上应设计防水雨篷，门槛与门下口的交界处，应设计向上高度不小于 60mm 的挡水坎。出入口的根部是屋面防水层的收头节点，其高度不得小于 250mm 和屋面泛水高度。屋面水平出入口泛水处应增加附加防水层和护墙，附加防水层在平面上的宽度不得小于 250mm；防水层收头应压在混凝土踏步之下，见图 4.1.10-13。

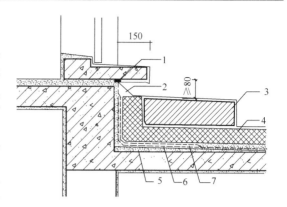

图 4.1.10-13　出屋面的出入口
1—密封材料；2—保护层；3—踏步；4—保温层；
5—找坡层；6—防水附加层；7—防水层

垂直进入屋面的洞口：洞口周边的挡墙结构宜在主体同期成型，挡墙结构厚度宜不小于 100mm，高度应比屋面各构造层施工完成面还要高出 250mm。附加防水层在平面和立面上的宽度均不应小于 250mm，防水层的收头应设在挡墙结构顶的顶圈下；盖板可以设计为混凝土盖板或金属盖板，盖板四周下口应设计滴水线槽，见图 4.1.10-14。

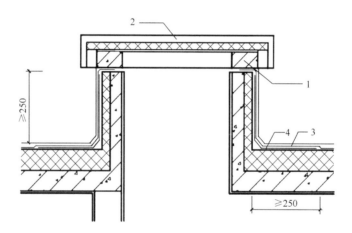

图 4.1.10-14　屋面垂直出入口
1—混凝土压顶圈；2—人孔盖板；3—防水层；4—附加防水层

4.2　坡屋面防水设计

瓦屋面是我国最古老的传统坡屋面之一，坡屋面的迎水面主要有黏土烧结瓦、混凝土瓦、沥青瓦和琉璃装饰瓦等。瓦屋面的基层有木结构和混凝土结构，瓦与结构的连接有挂、钉、铺和贴等多种形式。节点构造设计主要是檐口、檐沟、天沟、山墙、屋脊和天窗等。不同的结构基层、不同的材质的瓦屋面，在防水设计方面各自有不同的特点。

4.2.1　瓦屋面构造设计

瓦屋面的结构基层除现代的混凝土结构、钢结构外，通常为木结构。

木结构瓦屋面构造：从下向上有屋架、檩条、椽子、望砖、木质望板、防水层、防水垫层、顺水条、挂瓦条等构成。Ⅰ级防水设防，瓦下应设卷材防水层，Ⅱ级防水设防，瓦下应至少设防水垫层，防水垫层设置在瓦材下面，是起防水、防潮作用的构造层。防水垫层起着重要的作用，因为"瓦"本身还不能完全算作是一种防水材料，只有瓦和防水层或防水垫层组合后才能形成一道有效防水设防，木结构瓦屋面构造形式见图 4.2.1-1。

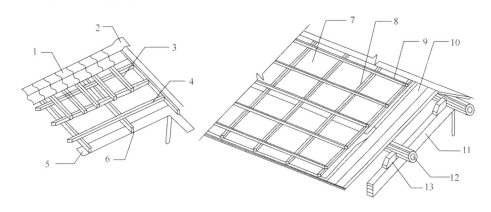

图 4.2.1-1　木结构瓦屋面的构造形式

1—平瓦；2—脊瓦；3—挂瓦条；4—椽子；5—屋架上弦；6—檩木；7—油毡；

8—顺水条；9—挂瓦条；10—屋面板；11—屋架上弦；12—檩条；13—檩托

混凝土结构瓦屋面构造：在混凝土坡屋面结构基层上，应设置找平层、防水层、保温层、混凝土保护层、预埋挂瓦构件。混凝土结构的坡屋面，应在混凝土中设计预埋锚固钢筋，直径不小于 $\phi 8$，按间距不大于 @500 梅花形布置，锚固钢筋在混凝土中锚固长度不小于 $30d$，伸出混凝土表面长度不小于 300mm，在保护层中向上弯折，与保护层中构造钢筋绑扎，以防止保温层上的各种材料向下滑移。

按瓦的铺贴方式，又分为卧瓦和挂瓦两种设计方式，卧瓦设计是采用掺聚合物或纤维的水泥砂浆，在保护层上满浆铺贴瓦材，并应用直径 $\phi 1$ 的不锈钢丝或 $\phi 2$ 的铜丝，将瓦与锚固钢筋和顺水方向的构造钢筋绑扎。挂瓦设计是在保护层上设顺水条、挂瓦条，然后挂铺瓦材，应用直径 $\phi 1$ 的不锈钢丝或 $\phi 2$ 的铜丝，将瓦与挂瓦条绑扎牢固，并由下向上铺贴。混凝土结构瓦屋面的构造见图 4.2.1-2。

4.2.2　平瓦屋面防水设计

平瓦主要是指传统的黏土机制平瓦和混凝土平瓦。平瓦屋面适用于坡度不小于 20% 的屋面。平瓦在屋面天沟、檐沟处，瓦伸入的长度为 50～70mm，屋顶脊瓦在两坡面瓦上的搭盖宽度，每边不小于 40mm。天沟、檐沟处的防水层伸入瓦

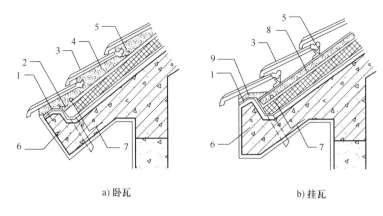

a) 卧瓦   b) 挂瓦

图 4.2.1-2　混凝土结构瓦屋面构造

1—防水层；2—钢丝网；3—平瓦；4—水泥砂浆；5—不锈钢丝；

6—上翻梁；7—预埋锚筋；8—混凝土保护层；9—聚合物水泥砂浆

内宽度不小于 150mm。瓦头挑出封檐板的长度宜为 50～70mm。突出屋面的墙或烟道处的侧面，瓦伸入泛水宽度不小于 50mm。平瓦屋面与立墙及突出屋面结构等交接处，均应设计泛水处理。天沟、檐沟的防水层，应采用合成高分子防水卷材、高聚物性沥青防水卷材、沥青防水卷材、金属板材或塑料板材等材料铺设。在烟囱、管道周围应先做防水垫层，待铺瓦后再用高聚物改性沥青防水卷材做单层防水。

4.2.3　沥青瓦屋面防水设计

纤维瓦是以玻璃纤维毡为基体，经过浸涂优质石油沥青面后，一面覆盖彩色矿物粒料，另一面撒以隔离材料，而制成的新型片状屋面防水瓦材。纤维瓦可铺设在钢筋混凝土或木基层上。纤维瓦的适宜坡度是 20%～80% 的屋面。

纤维瓦为薄而轻的片状材料，且瓦片是相互搭接粘的，为防止大风将纤维瓦掀起，应用油钉将其固定在木基层上，铺瓦前应在木基层上设计一层 3 厚沥青防水卷材垫毡，用油毡钉铺钉。纤维瓦的基层应牢固平整。

混凝土基层应用专用水泥钢钉、冷沥青玛蹄脂胶，将纤维瓦粘结固定在混凝土基层上；不论在木基层或混凝土基层上都应用油毡钉铺钉。为防止钉帽外露锈蚀而影响固定，需将钉帽盖在垫毡下面，严禁钉帽外露在纤维瓦的表面。

纤维瓦应从檐口向上铺设，第一层纤维瓦应与檐口平行，切槽应向上指向屋脊，用油毡钉固定；第二层纤维瓦应与第一层叠合，但切槽应向下指出檐口；第三层纤维瓦应压在第二层上，并露出切槽 125mm。纤维瓦之间对缝，上下层不应重合。每片纤维瓦不应少于 4 个钉固定；当屋面坡度大于 50% 时，应采用 6 个钉固定。

纤维瓦屋面与立墙及突出屋面结构等交接处，应设计泛水处理，纤维瓦在与突出屋面结构的交接处铺贴高度不小于250mm，脊瓦与脊瓦的压盖面不应小于脊瓦面积的1/2，脊瓦与两坡面纤维瓦搭盖度宽度每边不小于150mm。在女儿墙泛水处，纤维瓦可沿基层与女儿墙处采用八字坡铺贴，并用镀锌薄钢板覆盖，钉入墙内预埋木砖上；泛水上口与墙间的缝隙应用密封材料封严。

4.2.4 瓦屋面细部构造防水设计

1 平瓦屋面檐口构造设计：平瓦屋面的檐口节点处，平瓦伸出的长度宜为50~70mm，檐口底应设计滴水线槽。平瓦屋面檐口构造见图4.2.4-1。

2 平瓦屋面檐沟构造设计：平瓦屋面的泛水，宜设计聚合物水泥砂浆，或掺抗裂纤维的水泥砂浆分次抹成；烟囱与屋面交接处，应在迎水面中部抹成分水线，并高出两侧30mm。平瓦伸入天沟的长度，宜为50~70mm，天沟底应设计滴水线槽。平屋面天沟构造见图4.2.4-2。

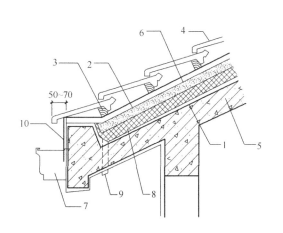

图 4.2.4-1 平瓦屋面檐口构造

1—防水层；2—顺水条；3—挂瓦条；4—平瓦；
5—屋面板；6—细石混凝土；7—成品檐沟；
8—保温层；9—泄水管；10—不锈钢或
铜质披水板

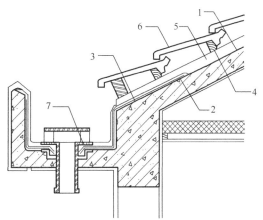

图 4.2.4-2 平瓦屋面檐沟构造

1—防水层；2—附加防水层；3—附加防水
局部空铺；4—挂瓦条；5—顺水条；
6—平瓦；7—密封材料

3 沥青瓦檐口构造设计：沥青瓦屋面的檐口边缘，在沥青瓦下应设计金属滴水板，压在沥青瓦下的长度宜不小于100mm，弯折成90°，下挂长度宜为60mm，金属滴水板材应用不小于1mm厚的不锈钢板或1.5mm厚的镀锌板加工。沥青瓦屋面与檐口的防水卷材应设计成满粘法铺贴，沥青瓦屋面檐口构造见图4.2.4-3。

4 沥青瓦檐沟构造设计：沥青瓦屋面的檐沟边缘，在沥青瓦下应设计金属滴水板，压在沥青瓦下的长度宜不小于 100mm，弯折成 90°，下挂长度宜为 60mm，金属滴水板材应用不小于 1mm 厚的不锈钢板或 1.5mm 厚的镀锌板加工。沥青瓦屋面与檐沟的防水卷材应设计成满粘法铺贴，沥青瓦屋面檐沟构造见图 4.2.4-4。

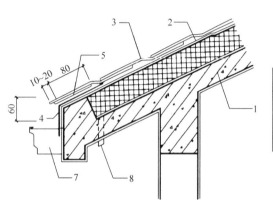

图 4.2.4-3　沥青瓦屋面檐口构造

1—屋面板；2—防水层；3—沥青瓦；4—不锈钢或铜质披水板；5—附加油毡垫片；6—硬质保温层；7—成品檐沟；8—泄水管

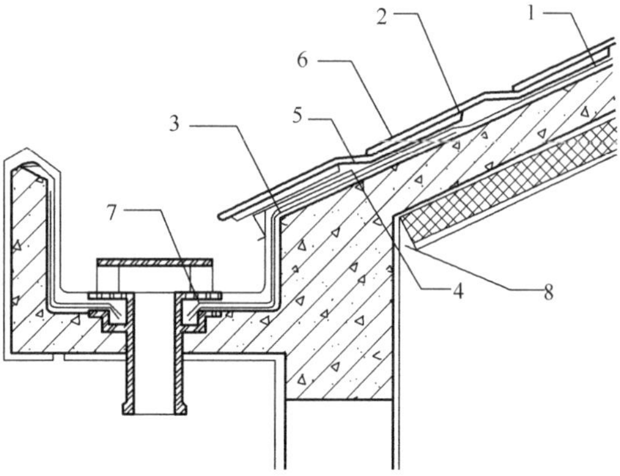

图 4.2.4-4　沥青瓦屋面檐沟构造

1—防水层；2—附加防水层；3—附加防水局部空铺；4—金属滴水板；5—附加油毡垫片；6—沥青瓦；7—密封材料

5 平瓦屋面屋脊构造设计：平瓦沿坡面铺到屋顶的屋脊处后，应采用掺聚合物或纤维的水泥混合砂浆，将脊瓦与坡瓦之间的缝隙压实抹平；脊瓦在两坡瓦上的搭接覆盖宽度，每边应不小于 40mm；沥青瓦屋面的脊瓦，每边的搭接覆盖宽度应不小于 150mm，平瓦屋面屋脊构造设计，见图 4.2.4-5。

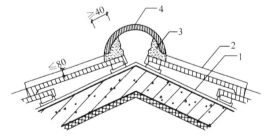

图 4.2.4-5　平瓦屋面屋脊构造

1—防水层；2—平瓦；3—纤维混合砂浆；4—脊瓦

4.3　金属板材屋面防水设计

大跨度钢结构、轻型钢结构、网架结构的屋面通常在主体结构上设计檩条作为金属框架，在檩条上铺压型钢板作为支承构件，主体结构与檩条和压型钢板之间，采用螺栓连接或焊接方式。在压型钢板上设隔气层、隔声层、保温隔热层、防水层或透气膜，再用螺栓或挂钩连接金属屋面板材，形成金属板材屋面系统，金属板材表面具有的天然纹理和光泽，使得金属屋面的外观更加多姿多彩。

4.3.1 金属板材屋面系统构造设计

1 金属板材屋面结构构造设计：金属板材屋面的受力支撑结构，主要有钢结构和网架结构两种。钢结构金属板材屋面结构构造见图4.3.1-1。

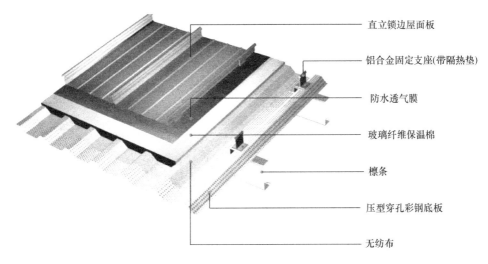

图4.3.1-1 钢结构金属板材屋面构造

2 檩条设计：在钢结构和网架结构上应设计檩条，檩条的规格和间距应根据结构荷载、允许变形量进行计算确定。除每块金属屋面板材的端部都应设置檩条支承外，中间还应设置1根或1根以上檩条。檩条间距可参考表4.3.1-1。

金属板材屋面檩条允许间距（m）　　　　　　　　表 4.3.1-1

板厚(mm)	钢板厚(mm)	设计荷载（kg/m²）														
		60			80			100			120			150		
		连续	简支	悬臂	连续	简支	悬臂	连续	简支	悬臂	连续	简支	悬臂	连续	简支	悬臂
40	0.5	4.0	3.4	0.9	3.5	3.0	0.8	3.1	2.7	0.7	2.8	2.4	0.6	2.3	2.0	0.5
	0.6	4.6	4.1	1.1	4.2	3.6	0.9	3.7	3.2	0.8	3.3	2.9	0.7	2.9	2.5	0.6
60	0.5	4.9	4.2	1.1	4.2	3.6	0.9	3.7	3.2	0.8	3.4	2.9	0.7	2.9	2.5	0.6
	0.6	5.7	4.9	1.3	5.0	4.3	1.1	4.5	3.9	1.0	4.0	3.5	0.9	3.7	3.2	0.8
80	0.5	5.9	5.0	1.3	5.0	4.3	1.1	4.5	3.9	1.0	4.0	3.5	0.9	3.7	3.2	0.8
	0.6	7.0	6.0	1.5	5.3	4.5	1.1	4.8	4.1	1.0	4.6	3.8	0.9	4.1	3.5	0.8

3 压型钢板设计：在金属板材屋面的檩条上铺设压型钢板，可以选择冷轧辊压制成的压型钢板，在压型钢板上还要再铺设金属屋面板材时，也可以选用带穿孔的压型钢板。压型钢板与檩条之间的固定，应采用带防水垫圈的镀锌螺栓

（螺钉）固定，固定点应设在波峰上，所有外露的螺栓（螺钉），均应涂抹密封材料保护。压型钢板按原材料的性质分：有不锈钢板、彩钢板、镀锌钢板和铝塑板等，型号表示方式：YXB66-240-720，其中 YXB 代表压型钢板，第一组数据 66 代表波高，第二组数据 240 代表波距，第三组数据 720 代表有效宽度。压型钢板在安装时，压型板的横面搭接不小于一个波，纵向搭接不小于 200mm；压型板挑出墙面的长度不宜小于 300mm；压型板伸入檐沟内的长度不应小于 150mm；压型板与泛水的搭接宽度不宜小于 200mm。

4 隔气层设计：在压型钢板与保温层之间，为了防止室内水蒸气进入保温层，或为了防止冷凝水、结露水影响到保温层的干燥度，特别是严寒及寒冷地区，应当设计隔气层。隔材料的水蒸气透过量应不大于 25g/（m² · 24h），隔气材料的设计厚度：高分子防水透气膜的厚度不应小于 0.49mm；聚乙烯膜、聚丙烯膜、塑料薄膜的厚度不应小于 0.3mm，复合金属铝箔的厚度不应小于 0.1mm。隔气材料可以采用空铺、机械固定或粘结方式，并用压辊压实。隔材料搭接宽度应大于 100mm，隔气层的表面应松弛、平顺。在搭接收口部位、屋面板开孔及周边部位，应采用宽度不小于 10mm 的防水密封胶粘带，对隔气层进行密封。周边的隔气层应比保温层高出 150mm，沿女儿墙向上连续铺设，或转折覆盖在保温层上，金属板材屋面隔气层的设置方式见图 4.3.1-2。

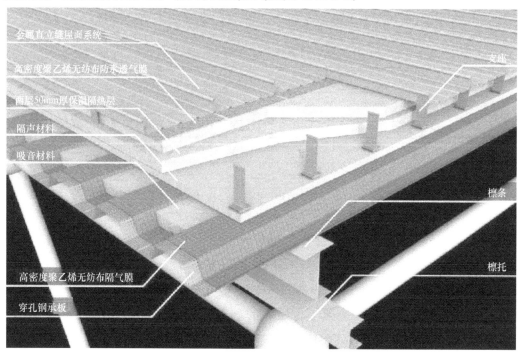

图 4.3.1-2 金属板材屋面隔气层设置方式

5　保温隔热层设计：为保证建筑物的居住和工作环境，做到舒适、节能、环保，应根据工程特点、气候环境、热工条件、隔声要求，确定保温隔热层的传热系数、热阻，选择相应保温隔热材料。适用于金属板材屋面保温隔热材料主要有：聚苯乙烯泡沫塑料、硬质聚氨酯泡沫塑料、硬质泡沫聚异氰脲酸、泡沫玻璃制品、岩棉制品、矿渣棉等。保温隔热材要求在 60kPa 的压缩强度下，压缩比不应大于 10%，在 500N 的点荷载作用下，变形量不应大于 5mm。压型钢板凹槽内，宜先填充隔声材料，再在上设保温隔热层，保温隔热层可采用机械固定、空铺或粘结法铺设，板状的保温隔热材料应采用机械固定，保温隔热材料宜采用多层铺设，上下层接缝不应贯穿。当金属板材屋面设置了内天沟、内檐沟时，也要采取隔热、断桥措施，以满足热工要求。

6　防水层设计：金属板材屋面的保温隔热层与金属屋面板材之间，还应设计一道防水层，防水材料可选择高分子类防水卷材，或改性沥青类防水卷材。当保温隔热层采用机械固定件固定时，防水卷材也就应选用机械固定法施工；聚氯乙烯防水卷材、热塑聚烯烃防水卷材、三元乙丙橡胶防水卷材等，高分子类的防水卷材，都宜采用空铺压顶法施工。金属屋面板材下的防水卷材宜平行屋脊铺贴，平行屋脊方向的搭接应顺水流方向，短边搭接缝应相互错开不小于 300mm。防水卷材的收头部位宜采用压条钉压固定，并对收头进行密封处理。三元乙丙橡胶防水卷材的接缝处应采用密封胶带覆盖搭接。所有防水卷材的收头部位、屋面周边及穿出屋面的管道部位应采用压条或垫片与基层固定，或局部与基层满粘，粘结宽度宜不小于 800mm。防水卷材的设计搭接宽度应符合表 4.3.1-2 的要求。

防水卷材搭接宽度（mm）　　　　　　　　　　　　　　表 4.3.1-2

防水卷材名称	搭接方式					
	机械固定法				空铺压顶法	
	热风焊接		搭接胶带		热风焊接	搭接胶带
	搭接处无固定件	搭接处有固定件	搭接处无固定件	搭接处有固定件		
高分子类防水卷材	≥80 且有效焊缝宽度 ≥25	≥120 且有效焊缝宽度 ≥25	≥120 且有效粘结宽度 ≥75	≥200 且有效粘结宽度 ≥150	≥80 且有效焊缝宽度 ≥25	≥80 且有效粘结宽度 ≥75
改性沥青类防水卷材	≥80 且有效焊缝宽度 ≥40	≥120 且有效焊缝宽度 ≥40	—	—	—	—

4.3.2 金属板材屋面的板材设计

1 板材选择：金属板材屋面应按外围护结构进行设计、计算，根据相应的承载力、稳定性和变形能力，结合风荷载、结构体形、热工性能、使用年限、屋面坡度等因素，选择相应的金属板材及构造系统。金属屋面的板材可采用镀锌钢板、涂层钢板、铝镁锰合金板、不锈钢板、钛锌板、阳极氧化铝合金板等，板厚度一般为 0.4~1.5mm，板的表面应进行涂装处理。在专业加工厂集中制作，成品的金属屋盖材料厂家应配套供应紧固件和密封材料。

2 立边咬合设计：立边咬口锁边系统，拥有一定高度的板肋，在提高防水性能的同时，还可使屋面外观的线条更加明显。金属板材采用咬口锁边连接，屋面排水坡度不宜小于 5%，金属板材采用紧固件连接时，屋面排水坡度不宜小于10%。在大风地区或屋面高度大于 30m 时，金属板材应采用 360°咬口锁边连接，确保在风吸力作用下，扣合或咬合连接可靠。锁合前、锁合后示意图见图 4.3.2-1 和图 4.3.2-2。

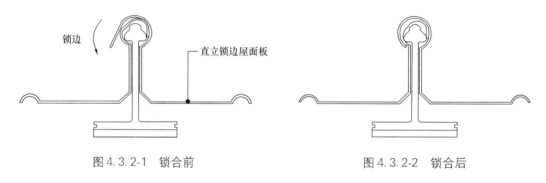

图 4.3.2-1　锁合前　　　　　　　　　　图 4.3.2-2　锁合后

金属板材的横向搭接方向宜与主导风向一致，搭接部位应设置防水密封胶带。搭接处用连接件紧固时，连接件应采用带防水密封胶垫的自攻螺钉。纵向搭接应位于檩条处，每块板的支座宽度不应小于 50mm，纵向搭接应顺流水方向，纵向搭接长度不应小 200mm，搭接部位均应设置防水密封胶带。

3 金属板材铺设构造要求：金属板材在檐口挑出处，出墙面的长度不应小于 200mm；伸入檐沟、天沟内的长度不应小于 100mm；泛水板与突出屋面墙体的搭接高度不应小于 250mm；金属泛水板、变形缝盖板与金属板材的搭盖宽度不应小于 200mm；金属屋面的屋脊盖板，在两坡面金属板材上的搭盖宽度不应小于250mm。

4.3.3 金属板材屋面细部构造设计

1 金属板材屋面铺设顺序和方向：金属屋面板材上下两块板的板峰应纵横对齐，横向搭接不小于一个波，并顺年最大频率风向搭接，端部搭接应顺流水方向搭接，屋面板铺设从一端开始，往另一端同时向屋脊方向进行，金属板材铺设顺序和方向见图 4.3.3-1。

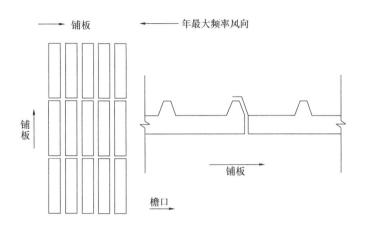

图 4.3.3-1　金属板材铺设顺序和方向

2　金属板材与檩条的连接：金属板材与檩条之间，应用自攻螺钉进行连接，并对螺钉连接节点采用密封胶密封，见图 4.3.3-2。

3　金属板材屋脊的防水构造：金属板材的屋脊两侧应设置独立檩条，中间的空档应填充现浇 PU 或挤塑泡沫板材，上设屋脊盖板和通长密封胶带，铆钉孔的搭接处全数密封，屋脊构造见图 4.3.3-3。

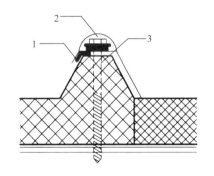

图4.3.3-2　金属板材与檩条的连接节点

1—通长胶带；2—密封材料；3—自攻螺钉与
檩条固定，与檩条侧向搭接用拉铆钉连接

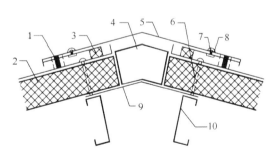

图 4.3.3-3　屋脊防水构造

1—通长胶带；2—夹心板；3—粘聚苯乙烯泡沫堵头；
4—现浇 PU 或泡沫板；5—屋脊板；6—自攻螺钉与
檩条固定；7—拉铆钉；8—密封材料；9—脊托板；
10—檩条

4　金属板屋面檐口的防水构造：金属板材屋面的檐口应设封檐板，形成檐口滴水线条，泛水段应顺直，无起伏现象。可采用厚度不小于 1.5mm 的不锈钢板或 2mm 的彩色钢板加工制作，檐口的防水构造见图 4.3.3-4。

5 金属板屋面山墙处的防水构造：金属板屋面山墙处的泛水板，应采用厚度不小于 0.5mm 的不锈钢板或其他金属板材，固定在山墙和金属板材上，顺水流方向搭接，与山墙搭接高度不应小于 250mm，与金属板材的搭盖宽度宜为 2 个波，防水构造见图 4.3.3-5。

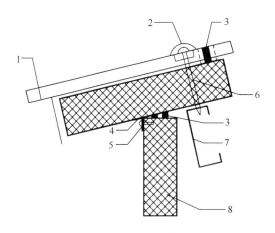

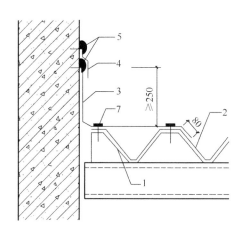

图 4.3.3-4 金属板屋面檐口防水构造

1—彩板封檐件；2—密封材料；3—通长胶带；4—彩板角；
5—拉铆钉；6—自攻螺钉与檩条固定；7—檩条；8—夹心板

图 4.3.3-5 金属板屋面山墙处的防水构造

1—固定支架；2—压型金属板；3—金属泛水板；
4—金属盖板；5—密封胶；6—钢钉；7—拉铆钉

4.4 采光顶玻璃屋面防水设计

采光顶玻璃屋面是在混凝土主体结构、钢结构、网架结构、轻型钢结构的屋架上安装金属框架支承体系，再将透光玻璃面板与支承体系相连接，形成透光的建筑屋顶外围护结构。每个玻璃面板都是一个独立的平面或曲面，不承担主体结构所受的荷载。设计排水坡度不宜小于 3%，且与水平方向夹角不大于 75°。采光顶玻璃屋面的防水、排水设计，是保证使用功能最为重要的内容之一。

4.4.1 采光顶玻璃屋面支承结构设计

直接与采光顶玻璃面板相连接的支承结构，设计使用年限不应低于 25 年；间接支承采光顶玻璃面板的主要支承结构，设计使用年限宜与主体结构的设计使用年限相同。支承结构所选用的材料和构造，首先应满足使用过程中结构应有的强度、刚度、稳定性和耐久性要求。采光玻璃顶的结构承载力设计，应包括风荷载、积水荷载、积雪荷载、结冰荷载、遮阳设施及电气照明荷载、检修和施工活荷载及其他荷载，并按最不利工况进行荷载组合。垂直于玻璃采光顶的挠度应不大于 1/200；玻璃采光顶的防雷接地应与主体结构的防雷体系有可靠的重复连接。主要受力构件和连接件的截面尺寸：钢板壁厚不应小于 4mm、钢管壁厚不应小于3mm、等边角钢尺寸不宜小于L45×4、不等边角钢不宜小于L56×36×4，冷成型薄壁型钢的壁厚不应小于2mm。采光顶屋面所采用的铬-镍系列不锈钢材，其铬镍总量不应低于25%，含镍不宜少于8%。

4.4.2 采光顶玻璃板的设计要求

1 玻璃面板设计：采光顶的玻璃应采用安全玻璃，如钢化玻璃、热反射夹层玻璃、中空玻璃、夹胶玻璃。采光顶玻璃面板的单块最大面积应不大于2.5m²，长边的边长宜不大于2m。中空玻璃和夹层玻璃，每片玻璃的厚度差宜不大于3mm；中空玻璃气体层厚度应根据节能要求计算确定，且不小于12mm，中空玻璃每片的厚度都不应小于6mm。夹层玻璃的单片厚度不宜小于5mm；框支承玻璃面板单片玻璃的厚度不应小于6mm。

2 玻璃支承梁设计：玻璃支撑梁应采用夹层玻璃，夹层玻璃原片宜采用钢化或半钢化玻璃；玻璃支撑梁应对温度变形、地震作用和结构变形有较好的适应能力；用于玻璃支撑梁的夹层玻璃中，若有一片玻璃发生破碎后，另一片玻璃支撑梁应仍能满足结构性能设计要求；玻璃支撑梁有打孔需求时，应采用钢化夹层玻璃；当玻璃梁不需要打孔时，宜采用半钢化夹层玻璃。采光顶玻璃面板的安全性能，应能适应主体结构的变形和温度作用的影响。

3 玻璃承载设计：上人采光屋顶，玻璃板中心点直径为150mm的区域内，应能承受垂直于玻璃为1.8kN的活荷载。

4 点支承构造设计：

（1）支承点设计：三角形的玻璃面板应设计至少三个点的支承形式；四边形玻璃面板宜设计至少四个点的支承。点支承玻璃可采用钢爪支承装置或夹板支承装置，钢爪支承的孔洞边至板边的距离不宜小于60mm。点支承面板的边缘和孔洞内，都应进行细磨或精磨，倒棱不应小于1mm。当玻璃面板挠度过大时，可将相邻两块的四点支承板，改为一块六点支承板，但相邻支承点间的板边距离，不宜大于1.5m。

（2）点支承孔洞位置设计：当板厚不大于12mm时，孔洞距板边的距离，宜不小于6倍板厚；当板厚不小于15mm时，孔洞距板边距离宜不小于4倍板厚。孔洞的孔边到板边的距离不小于60mm时，就可以采用爪长较小的200系列钢爪。爪件与支承处玻璃的孔洞边，应进行可靠的密封；中空玻璃的孔洞边，支承周边应采取多道密封。

（3）点支承玻璃厚度要求：设计浮头式钢爪点支承连接件时，玻璃厚度不应小于6mm；设计沉头式钢爪点支承连接件时，玻璃厚度不应小于8mm。设计钢板夹持点支承时，单片玻璃厚度不应小于 6mm。

4.4.3　采光顶密封胶的设计要求

采光顶的玻璃面板之间以及与屋面构件的连接部位，都应进行可靠密封，密封胶应与面板材料相容。硅酮建筑密封胶和硅酮结构密封胶使用前，应进行与其接触有机材料的相容性试验，以及与其粘接材料的剥离粘接性试验、硅酮结构密封胶的邵氏硬试验、标准状态下的拉伸粘结性试验。采光顶的接缝用的密封应采用中性硅酮密封胶，性能指标应符合表 4.4.3 规定。

中性硅酮建筑密封胶的性能　　表 4.4.3

模量	拉伸模量（MPa）			扯断强度（MPa）	扯断伸长率（％）
	10％拉伸	20％拉伸	40％拉伸		
低模量	≤0.15	≤0.20	≤0.35	≤0.65	≥400
高模量	≤0.20	≤0.30	≤0.50	>0.65	≥400

中空玻璃应采用双道密封，第一道密封胶宜采用丁基热熔密封胶，第二道密封应采用硅酮型密封胶或聚硫型密封胶。隐框、半隐框及点支承式用中空玻璃，第二道密封胶应采用硅酮型结构密封胶。玻璃采光顶的密封胶条宜采用硅橡胶、二元乙丙橡胶或氯丁橡胶。

耐候硅酮密封胶在缝内，应设计成相对两面粘结，而不能三面粘结。密封槽口底部应采用聚乙烯发泡材料填塞。玻璃采光顶接缝部位填充衬垫材料宜采用聚乙烯泡沫棒，密度应不大于 37kg/m³。

玻璃之间的拼胶缝宽度，应能满足玻璃和胶的变形要求，并不小于 10mm，注胶式板缝应采用中性硅酮建筑密封胶密封，且应满足接缝处位移变化的要求。在接缝变形较大时，应采用位移能力较高的中性硅酮密封胶。采光顶玻璃面板接缝处密封胶的受力变形状况，见图 4.4.3。

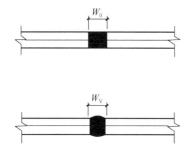
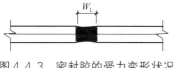

图 4.4.3　密封胶的受力变形状况
W_0—密封胶原始状态；W_V—压缩状态；
W_L—拉伸状态

4.4.4　玻璃采光顶的节点构造设计要求

采光顶处于建筑物的外表面，对水密性能的要求比幕墙要高，受热胀冷缩的影响最大，在采光顶玻璃面板安装时应留有一定的缝隙，以适应和消除温差变形的影响。采光顶的装饰压板、周边封堵收口、屋脊处压边收口、支座处封口、天沟、排水槽、通气槽、雨水排出口及隐蔽节点，应要求铺设平整且可靠固定。嵌条式板缝可采用密封条密封，且密封条交叉处应可靠封接，防止出现渗漏现象。采光顶玻璃板块与支承结构的连接、密封构造，见图 4.4.4-1。

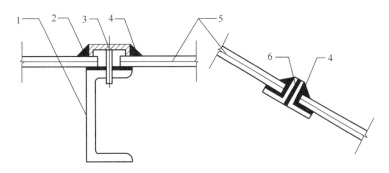

图 4.4.4-1　玻璃板块与支承结构的连接、密封构造

1—槽钢；2—压条；3—螺钉；4—密封胶；5—玻璃面板；6—角钢

点驳式连接件应采用不锈钢爪件，采光顶玻璃面板块与钢爪件的连接、密封构造见图 4.4.4-2。

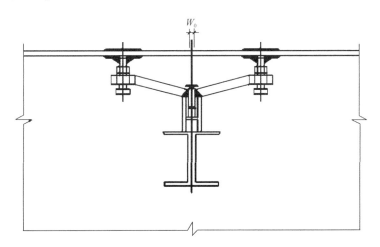

图 4.4.4-2　点驳式光顶玻璃面板块的连接、密封构造

第 5 章　防水材料的选用

5.1　建筑工程防水材料的品种与规格分类

建筑工程防水材料的品种与规格分类见表 5.1。

建筑工程防水材料的品种与规格分类　　　　　　　　　　表 5.1

产品名称		等级	类型		厚度
沥青防水卷材	SBS 弹性体改性沥青防水卷材 GB 18242—2008 APP 塑性体改性沥青防水卷材 GB 18243—2008	Ⅰ型 Ⅱ型	□玻纤胎 □聚酯胎 □PYG	—	□3mm □4mm □5mm
	自粘聚合物改性沥青防水卷材 GB 23441—2009	Ⅰ型 Ⅱ型	□无胎基 （N 类）	□聚乙烯膜（PE） □聚酯膜（PET） □无膜双面自粘(D)	□1.2mm □1.5mm □2.0mm
			□聚酯胎基 （PY 类）	□聚乙烯膜（PE） □细砂（S） □无膜双面自粘(D)	□2.0mm(Ⅰ型) □3.0mm □4.0mm
	湿铺防水卷材 GB/T 35467 —2017		□高分子膜基高强度（H 类）	□单面粘合（S） □双面粘合（D）	□1.5mm □2.0mm
			□高分子膜基高延伸（E 类）		
			□聚酯胎基（PY 类）		□3.0mm
	预铺防水卷材 GB/T 23457—2017	—	□塑料 P 类（1.2、1.5、1.7）		□1.2mm 1.5mm 1.7mm
			□橡胶 R 类（1.5、2.0）		
			□沥青聚酯胎 PY 类		□4.0mm
高分子防水卷材	聚氯乙烯防水卷材 GB 12952—2011	—	□H 类（均质片） □L 类（带纤维背衬） □P 类（织物内增强） □G 类（玻璃纤维内增强） □GL 类（玻璃纤维增强带纤维背衬）		□1.2mm □1.5mm □1.8mm □2.0mm
	高分子防水片材 GB 18173.1—2012 高分子增强复合防水片材 GB/T 26518—2011	均质片	□硫化三元乙丙橡胶（JL1）		□1.0mm □1.2mm □1.5mm □1.8mm
		复合片	□聚乙烯内纶（FS2）		≥0.6mm

续表

产品名称	等级	类型	厚度
防水涂料 — 聚氨酯防水涂料 GB/T 19250—2013	Ⅰ型 Ⅱ型 Ⅲ型	□Ⅰ型（拉伸强度≥2.0MPa） □Ⅱ型（拉伸强度≥6.0MPa） □Ⅲ型（拉伸强度≥12.0MPa）	—
聚合物水泥防水涂料（JS） GB/T 23445—2009	Ⅰ型 Ⅱ型 Ⅲ型	□Ⅰ型（延伸率≥200%） □Ⅱ型（延伸率≥80%） □Ⅲ型（延伸率≥30%）	—
聚合物乳液防水涂料 JC/T 864—2008	Ⅰ型 Ⅱ型	□Ⅰ型（－10℃） □Ⅱ型（－20℃）	—
非固化橡胶沥青防水涂料 JC/T 2428—2017	—	—	—
水泥基渗透结晶型防水材料 GB 18445—2012	—	□防水涂料（C） □防水剂（A）	—
砂浆 — 聚合物水泥防水砂浆 JC/T 984—2011	—	□单组分—干混类（S） □双组分—乳液类（D）	—
高分子益胶泥 T44/SZWA1—2017	—	□Ⅰ型—用于防水及饰面砖粘贴 □Ⅱ型—用于防水及天然石材粘贴	—

5.2　建筑工程防水材料执行的标准

建筑工程防水材料执行的标准见表5.2。

建筑工程防水材料执行的标准　　　　　　　　　　表5.2

类别	材料名称	标准号
改性沥青防水卷材	1. 弹性体改性沥青防水卷材（SBS）	GB 18242
	2. 塑性体改性沥青防水卷材（APP）	GB 18243
	3. 改性沥青聚乙烯胎防水卷材	GB 18967
	4. 自粘聚合物改性沥青防水卷材	GB 23441
	5. 带白粘层的防水卷材（沥青类）	GB/T 23260
	6. 湿铺防水卷材	GB/T 23467
	7. 预铺防水卷材（沥青基聚酯胎 PY 类）	GB/T 23457
	8. 种植屋面用耐根穿刺防水卷材（沥青类）	JC/T 1075
高分子防水卷材	1. 聚氯乙烯防水卷材（PVC）	GB 12952
	2. 三元乙丙橡胶硫化型防水卷材（EDPM）	GB 18173.1
	3. 乙烯-醋酸乙烯共聚物防水卷材（EVA）	GB 18173.1
	4. 聚乙烯丙纶复合防水卷材	GB 18173.1
	5. 高分子增强复合防水片材	GB/T 26518

类别	材料名称	标准号
高分子防水卷材	6. 预铺防水卷材（高分子P类）	GB/T 23457
	7. 热塑性聚烯烃（TPO）防水卷材	GB 27789
	8. 种植屋面用耐根穿刺防水卷材（高分子类）	JC/T 1075
	9. 湿铺防水卷材	GB/T 35467
防水涂料	1. 聚氨酯防水涂料	GB/T 19250
	2. 聚合物水泥防水涂料	GB/T 23445
	3. 非固化橡胶沥青防水涂料	JC/T 2428
	4. 聚合物乳液建筑防水涂料	JC/T 864
	5. 金属屋面丙烯酸高弹防水涂料	JG/T 375
	6. 喷涂聚脲防水涂料	GB/T 23446
	7. 水乳型沥青防水涂料	JC/T 408
	8. 聚合物水泥防水浆料	JC/T 2090
	9. 用于陶瓷砖粘结层下的防水涂膜	JC/T 2415
密封材料	1. 硅酮和改性硅酮建筑密封胶	GB/T 14683
	2. 聚氨酯建筑密封胶	JC/T 482
	3. 聚硫建筑密封胶	JC/T 483
	4. 混凝土建筑接缝用密封胶	JC/T 881
	5. 止水带	GB 18173.2
	6. 遇水橡胶膨胀	GB 18173.3
	7. 遇水膨胀止水胶	JG/T 312
	8. 丁基橡胶防水密封胶粘带	JC/T 942
刚性防水材料	1. 水泥基渗透结晶型防水材料	GB 18445
	2. 聚合物水泥防水砂浆	JC/T 984
	3. 高分子益胶泥	T44/SZWA1
	4. 无机防水堵漏材料	GB 23440
	5. 干混普通防水砂浆	GB/T 25181
	6. 湿拌防水砂浆	GB/T 25181
	7. 砂浆、混凝土防水剂	JC 474
	8. 混凝土膨胀剂	GB 23439
瓦	1. 玻纤胎沥青瓦	GB/T 20474
	2. 烧结瓦	GB/T 21149
	3. 混凝土瓦	JC/T 746
	4. 合成树脂装饰瓦	JG/T 346

续表

类别	材料名称	标准号
其他材料	1. 高分子防水卷材胶粘剂	JC/T 863
	2. 聚合物改性沥青防水垫层	JC/T 1067
	3. 自粘聚合物沥青防水垫层	JC/T 1068
	4. 沥青基防水卷材用基层处理剂	JC/T 1069
	5. 自粘聚合物沥青泛水带	JC/T 1070
	6. 塑料防护排水板	JC/T 1070

5.3 防水材料的选择与复合搭配方案

5.3.1 能在潮湿基面上施工的防水材料

在地下室底板下迎水面设计防水层时，应针对工程特点，选择适应施工环境的防水材料，能够在潮湿垫层上直接施工的防水材料，主要有如下几种防水材料：

1 1.2mm 厚预铺防水卷材（P 类）；

2 1.5mm 厚或 2.0mm 厚预铺防水卷材（橡胶 R 类）；

3 3.0mm 厚湿铺防水卷材（PY 类）；

4 2.0mm 厚湿铺防水卷材（高分子膜双面粘）；

5 聚乙烯丙纶复合防水卷材（0.8mm 厚卷材＋1.3mm 厚聚合物水泥胶结料，卷材芯材 0.6mm 厚）双层；

6 1.5mm 厚湿铺防水卷材（高分子膜双面粘）；

7 8.0mm 厚聚合物水泥防水砂浆；

8 2.0mm 厚聚合物水泥防水涂料（Ⅰ型）。

5.3.2 要求在干燥基面施工的防水材料

防水涂料或防水卷材一般都要求基层平整、清洁、干燥，基面的含水率不宜大于 9％，对基层干燥度的检测方法，是将一个平方米大小防水卷材均匀地铺在基面上，待到两个小时之后进行检查，如果卷材上面没有明显的水痕迹，那么说明基层的含水率基本符合设计要求。要求在干燥基层上施工的防水材料，主要有如下几种防水材料：

1 2.0mm 厚非固化橡胶沥青防水涂料；

2 2.0mm 厚聚氨酯防水涂料；

3 1.5mm 厚自粘聚合物改性沥青防水卷材（N 类高分子膜）；

4 1.5mm厚自粘聚合物改性沥青防水卷材（N类高分子膜）；

5 3.0mm厚自粘聚合物改性沥青防水卷材（PY类双面粘）；

6 4.0mm厚SBS弹性体改性沥青防水卷材（Ⅱ型PY类）。

5.3.3 能在背水面施工的刚性防水材料

在结构背水面设计的防水层，应选择刚性防水材料，并要求具有较好的粘结强度，主要防水材料有：

1 2.0mm厚聚合物水泥防水涂料（Ⅱ型或Ⅲ型）；

2 8.0mm厚聚合物水泥防水砂浆；

3 1.5kg/m² 水泥基渗透结晶防水涂料；

4 5.0mm厚高分子益胶泥；

5 2.0mm厚聚合物水泥防水浆料；

6 10mm厚预拌普通防水砂浆。

5.3.4 防水材料的复合设计方案

防水材料的复合设计方案，必须要保证两种不同防水材料之间相容，不会因相互接触而发生化学反应出现腐蚀现象；相互之间不得因施工方法不同，导致损坏先施工的防水材料，要求高温加热的卷材，应与能够承受高温的涂料或卷材复合；相互复合的防水材料宜优势互补，防水涂膜与防水卷材应复合成为一个完整的层次，防水涂膜应设置在防水卷材的下面，防水涂膜上面不得采用热熔型防水卷材，非固化橡胶沥青防水涂料与防水卷材宜一次施工成型；两道卷材叠层设置应粘结牢固，下层卷材宜采用自粘聚合物改性沥青防水卷材。针对具体防水材料，提供以下几种防水材料的复合设计方案。

1 能与2.0mm厚非固化橡胶沥青防水涂料复合的防水卷材有：

（1）3.0mm厚自粘聚合物改性沥青防水卷材（PY类）；

（2）4.0mm厚SBS弹性体改性沥青防水卷材（Ⅱ型PY类）。

2 能与2.0mm厚聚氨酯防水涂料复合的防水卷材有：

（1）3.0mm厚自粘聚合物改性沥青防水卷材（PY类）；

（2）2.0mm厚自粘聚合物改性沥青防水卷材（N类高分子膜）。

3 能与2.0mm厚聚合物水泥防水涂料（Ⅰ型）复合的防水卷材有：

（1）3.0mm厚自粘聚合物改性沥青防水卷材（PY类）；

（2）2.0mm厚自粘聚合物改性沥青防水卷材（N类高分子膜）；

（3）≥1.2mm厚PVC或TPO（带自粘层）防水卷材；

（4）聚乙烯丙纶复合防水卷材（0.7mm厚卷材＋1.3mm厚聚合物水泥胶结

料，双层）。

同一种防水涂料多道涂刷，尽管厚度不同，但仍然只能视为是一道防水层，就不能称之为是复合。同一种防水卷材，厚度相同或不同，若自身多道直接铺贴后，通过相互错缝，就能达到复合效果。不同品种的防水卷材，当材性相容，多道直接铺贴后，同样通过相互错缝后，能达到复合设计效果，应视为一种复合设计方案，但不是所有防水卷材相互能复合的，提供以下几种防水卷材相互复合的设计方案。

4　能与 3.0mm 厚自粘聚合物改性沥青防水卷材（PY 类双面粘）复合的防水卷材有：

（1）1.5mm 厚自粘聚合物改性沥青防水卷材（N 类高分子膜）；

（2）3.0mm 厚自粘聚合物改性沥青防水卷材（PY 类）；

（3）4.0mm 厚自粘耐根穿刺改性沥青防水卷材。

5　能与 2.0mm 厚自粘聚合物改性沥青防水卷材（N 类高分子膜）复合的防水卷材有：

（1）3.0mm 厚自粘聚合物改性沥青防水卷材（PY 类）；

（2）1.5mm 厚自粘聚合物改性沥青防水卷材；

（3）4.0mm 厚自粘耐根穿刺改性沥青防水卷材。

6　能与 2.0mm 厚湿铺防水卷材（高分子膜双面粘）复合的防水卷材有：

（1）1.5mm 厚自粘聚合物改性沥青防水卷材（N 类）；

（2）1.5mm 厚湿铺防水卷材（高分子膜）；

（3）聚乙烯丙纶耐根穿刺复合防水卷材（0.8mm 厚卷材＋1.3mm 厚聚合物水泥胶结料）×2，卷材芯材 0.6mm 厚；

（4）3.0mm 厚自粘聚合物改性沥青防水卷材（PY 类）。

5.4　防水材料的检查与验收

5.4.1　防水涂料

1　水性涂料不宜作为粘结料使用。

2　防水涂料的耐久性应符合下列规定：

（1）热老化应在 80℃×10d 的条件下检测，试验后材料的低温柔性或低温弯折性指标温度升高不超过 2℃，橡胶沥青类防水涂料热老化试验温度条件应为 70℃。

（2）耐水性应在 23℃×14d 的条件下进行检测，试验后材料外观应无裂纹、无分层、无发黏、无起泡、无破碎。

（3）外露使用的防水涂料应在 340nm 波长、累计辐照强度不应小于 5040kJ/（m² · nm）的条件下进行人工气候加速老化试验；老化试验后，材料外观应无起泡、无裂纹、无分层、无粘结和孔洞。

（4）防水涂料用于地下工程时，浸水（23℃×7d）后粘结强度保持率不应小于 80%，非固化防水涂料应为内聚破坏。

3 防水涂料有害物质限量应符合以下规范标准要求，见表 5.4.1-1。

有害物质含量执行标准 表 5.4.1-1

有害物限量	1. 建筑防水涂料有害物质限量	JC 1066
	2. 建筑装饰装修涂料与胶粘剂有害物质限量	SZJG 48
	3. 聚氨酯防水涂料	GB/T 19250

4 防水涂料用作耐根穿刺防水层时，应通过耐根穿刺检测。

5 防水涂料长期处于腐蚀性环境中时，应通过腐蚀性介质耐久性试验。

6 一道涂料防水层最小厚度应符合表 5.4.1-2 的规定。

一道涂料防水层最小厚度（mm） 表 5.4.1-2

防 水 涂 料 品 种	涂料防水层最小厚度
反应型高分子类防水涂料	1.5
聚合物乳液类防水涂料	1.5
聚合物改性沥青类防水涂料	1.5
热熔施工橡胶沥青类防水涂料	2.0*
丙烯酸盐喷膜防水材料	3.0

注：＊当热熔施工橡胶沥青防水涂料与防水卷材配套使用作为一道防水层时，其最小厚度不应小于 1。

5.4.2 防水卷材

1 防水卷材的耐久性应符合下列规定：

（1）热老化应在 80℃×10d 的条件下检测，试验后材料的低温柔性或低温弯折性指标温度升高不超过 2℃，自粘聚合物改性沥青类防水卷材热老化试验温度条件应为 70℃。

（2）耐水性应在 23℃×14d 的条件下进行检测，试验后卷材外观应无裂纹、无分层、无发黏、无起泡、无破碎。

（3）外露使用的防水卷材应在 340nm 波长、累计辐照强度不应小于 5040kJ/

（m² • nm）的条件下进行人工气候加速老化试验；其中外露使用的单层卷材应在
340nm 波长、累计辐照强度不应小于 10080kJ/（m² • nm）的条件下进行人工气
候老化试验。老化试验后，材料外观应无起泡、无裂纹、无分层、无粘结和孔
洞。

 2 防水卷材搭接缝剥离强度指标应符合表 5.4.2-1 的规定。

防水卷材搭接缝剥离强度指标   表 5.4.2-1

防水卷材类型	施工方法	接缝剥离强度（N/mm）		
		无处理	热老化后保持率 （70℃×7d，%）	浸水后保持率 （23℃×7d，%）
改性沥青类 防水卷材	热熔	≥1.5	≥80%	≥80%
	自粘、胶粘	≥1.0		
高分子 防水卷材	焊接	≥3.0 或卷材破坏		
	自粘、胶粘、胶带	≥1.0		

 3 防水卷材用作耐根穿刺防水层时，应通过耐根穿刺检测。

 4 当防水卷材与防水涂料长期处于腐蚀性环境中时，应通过腐蚀性介质耐
久性试验。

 5 一道卷材防水层最小厚度应符合表 5.4.2-2 的规定。

一道卷材防水层最小厚度（mm）   表 5.4.2-2

防 水 卷 材			卷材防水层最小厚度
聚合物 改性沥青类 防水卷材	热熔法施工聚合物改性防水卷材		3.0
	热沥青粘结和胶粘法施工聚合物改性防水卷材		3.0
	自粘聚合物改性 （含湿铺防水卷材）	聚酯胎类	3.0
		预铺防水卷材聚酯胎类	4.0
		无胎类及高分子膜基	1.5
合成 高分子类 防水卷材	均质型、带纤维背衬型、织物内增强型		1.2
	双面复合型 主体片材芯材		0.5*
	预铺反粘防水卷材	塑料类	1.2
		橡胶类	1.5
塑料防水板			1.2

注：* 双面复合型应与聚合物水泥粘结料或防水涂料复合使用作为一道防水层。

 6 沥青基防水垫层的厚度不应小于 1.2 mm。

5.4.3 建筑防水涂料性能指标

 1 溶剂型建筑防水涂料有害物质含量应符合表 5.4.3-1 的规定。

溶剂型建筑防水涂料有害物质含量　　　　　表 5.4.3-1

序号	项目		含量
			B级（室外和通风流畅场所）
1	挥发性有机化合物（VOC，g/L）		≤750
2	苯（g/kg）		≤2.0
3	甲苯＋乙苯＋二甲苯（g/kg）		≤400
4	苯酚（mg/kg）		≤500
5	蒽（mg/kg）		≤100
6	萘（mg/kg）		≤500
7	可溶性重金属（mg/kg）	铅	≤90
		镉	≤75
		铬	≤60
		汞	≤60

注：1　无色、白色、黑色防水涂料不需测定可溶性重金属；
　　2　溶剂型防水涂料包含非固化橡胶沥青防水涂料、溶剂型沥青基防水涂料、溶剂型防水剂、溶剂型基层处理剂等。

2　改性沥青防水涂料的质量要求应符合表 5.4.3-2 的规定。

非固化橡胶沥青防水涂料主要性能指标　　　　表 5.4.3-2

项目		技术指标
闪点（℃）		≥180
固含量（%）		≥98
粘结性能	干燥基面	100%内聚破坏
	潮湿基面	
不透水性		—
延伸性/断裂伸长率		≥15mm
低温柔性（℃）		－20，无断裂
耐热性（℃）		65，无滑动、流淌、滴落

3　合成高分子防水涂料的质量要求应符合表 5.4.3-3、表 5.4.3-4 的规定。

合成高分子防水涂料（反应固化型）主要性能指标　　　表 5.4.3-3

项目	性能指标	
	聚氨酯防水涂料	喷涂聚脲防水涂料
固体含量（%）	单组分≥85.0 多组分≥92.0	≥98
表干时间	≤12h	≤15s

项目	性能指标	
	聚氨酯防水涂料	喷涂聚脲防水涂料
实干时间	≤24h	—
拉伸强度（MPa）	≥2.00	≥10.0
断裂伸长率（%）	≥500	≥300
撕裂强度（N/mm）	≥15	≥40
低温弯折性（℃）	−35，无裂纹	−35，无裂纹
不透水性	0.3MPa，120min，不透水	0.4MPa，120min，不透水
加热伸缩率（%）	−4.0～+1.0	−1.0～+1.0
粘结强度（MPa）	≥1.0	≥2.0
耐水性（%）	≥80	≥80

合成高分子防水涂料（挥发固化型）主要性能指标　　　表 5.4.3-4

项　目		性能指标			
		聚合物乳液防水涂料	聚合物水泥防水涂料		
			Ⅰ型	Ⅱ型	Ⅲ型
固体含量（%）		≥65	≥70		
表干时间（h）		≤4	≤4	≤4	≤4
实干时间（h）		≤8	≤8	≤8	≤8
拉伸强度	无处理（MPa）	≥1.0	≥1.2	≥1.8	≥1.8
	浸水处理后保持率（%）	—	≥60%	≥70%	≥70%
断裂伸长率	无处理（%）	≥300	≥200	≥80	≥30
	浸水处理（%）	—	≥150	≥65	≥20
低温柔性		−10℃，无裂纹	−10℃，无裂纹	—	—
不透水性		0.3MPa，30min 不透水			
粘结强度	无处理（MPa）	—	≥0.50	≥1.0	≥1.0
	浸水处理（MPa）	—	≥0.50	≥1.0	≥1.0
抗渗性（背水面），MPa		—	—	≥0.6	≥0.8
耐水性（%）		—	—	≥80	≥80

4　聚合物水泥防水浆料的质量要求应符合表 5.4.3-5 的规定。

聚合物水泥防水浆料主要性能指标　　　表 5.4.3-5

项　　目		性能指标	
		Ⅰ型（通用型）	Ⅱ型（柔韧型）
凝结时间（h）	表干时间	≤4	
	实干时间	≤8	
7d 涂层抗渗压力（MPa）		≥0.5	≥1.0
柔韧性		横向变形能力，≥2.0mm	弯折性，无裂纹
28d 抗折强度（MPa）		≥4.0	—
28d 抗压强度（MPa）		≥12.0	—
7d 粘结强度（MPa）		≥0.7	≥0.7
28d 收缩率（%）		≤0.3	—

5　喷涂速凝橡胶沥青防水涂料的质量要求应符合表 5.4.3-6 的规定。

喷涂速凝橡胶沥青防水涂料主要性能指标　　　表 5.4.3-6

项　　目			性能指标
固体含量（%）			≥55
凝胶时间（s）			≤5
实干时间（h）			≤24
耐热度			(120±3)℃，5h 无流淌、滑落、滴落
不透水性			0.3MPa，30min 无渗水
粘结强度（MPa）		干燥基面	≥0.4
		潮湿基面	≥0.4
弹性恢复率（%）			≥85
钉杆自愈性			无渗水
吸水率（%）			≤2.0
低温柔性[b]		无处理	−20℃，无裂纹、无断裂
		碱处理	−15℃，无裂纹、无断裂
		酸处理	
		盐处理	
		热处理	
		紫外线处理	
拉伸性能	拉伸强度（MPa）	无处理	≥0.8
	断裂伸长率（%）	无处理	≥1000
		碱处理	≥800
		酸处理	
		盐处理	
		热处理	
		紫外线处理	

6 丙烯酸盐喷膜防水材料的质量要求应符合表5.4.3-7的规定。

丙烯酸盐喷膜防水材料主要性能指标 表5.4.3-7

项 目	性能指标	
	A液	B液
外观	白色或灰色悬浮液体	白色或灰色悬浮液体
固体含量（%）	≥45	≥45
pH值	7.0～8.0	6.0～7.0
凝胶时间（s）	≤5	
不透水性	0.3MPa，30min无渗漏	
断裂拉伸强度（MPa）	≥1.1	
扯断伸长率（%）	≥200	
撕裂强度（kN/m）	≥5	

5.4.4 建筑防水卷材性能指标

1 高聚物改性沥青防水卷材的质量应符合（表5.4.4-1～表5.4.4-3）的规定。

高聚物改性沥青防水卷材主要性能指标 表5.4.4-1

项 目	性能指标			
	聚酯胎 PY		玻纤胎 G	
	Ⅰ型	Ⅱ型	Ⅰ型	Ⅱ型
可溶物含量（g/m²）	≥2100（3mm厚） ≥2900（4mm厚）			
拉力（N/50mm）	≥500	≥800	≥350	≥500
延伸率（%）	≥30（SBS） ≥25（APP）	≥40（SBS） ≥40（APP）	—	
耐热度	90℃（SBS） 110℃（APP）	105℃（SBS） 130℃（APP）	90℃（SBS） 110℃（APP）	105℃（SBS） 110℃（APP）
	无滑动、无流淌、无滴落			
低温柔度	−20℃（SBS） −7℃（APP）	−25℃（SBS） −15℃（APP）	−20℃（SBS） −7℃（APP）	−25℃（SBS） 15℃（APP）
	无裂纹			
不透水性	0.3MPa，30min，不透水		0.2MPa，30min，不透水	

自粘改性沥青防水卷材主要性能指标 　　　　表 5.4.4-2

项　　目		性能指标						
		无胎体（N 类）					聚酯胎（PY 类）	
		聚乙烯膜 PE		聚酯膜 PET		无膜 双面自粘 D		
		Ⅰ	Ⅱ	Ⅰ	Ⅱ		Ⅰ	Ⅱ
可溶物含量 （g/m²）	2mm			—			≥1300	—
	3mm						≥2100	
	4mm						≥2900	
拉力 （N/50mm）	2mm	≥150	≥200	≥150	≥200	—	≥350	—
	3mm						≥450	≥600
	4mm						≥450	≥800
沥青断裂延伸率（%）		≥250		≥150		≥450	—	
最大拉力时延伸率（%）		—					≥30	≥40
耐热性		70℃，滑动不超过 2mm					70℃， 无滑动、无流淌、无滴落	
低温柔性（℃）		−20	−30	−20	−30	−20	−20	−30
		无裂纹					无裂纹	
不透水性		0.2MPa，120min，不透水				—	0.3MPa，120min， 不透水	
持粘性（min）		≥20					≥15	
卷材与卷材剥离强度 （N/mm）		≥1.0					≥1.0	
卷材与铝板剥离强度 （N/mm）		≥1.5					≥1.5	

湿铺防水卷材主要性能指标 　　　　表 5.4.4-3

项　　目		性能指标		
		高强度高分子膜 （H 类）	高延伸高分子膜 （E 类）	聚酯胎基 （PY 类）
可溶物含量（g/m²）		—		≥2100
拉伸性能	拉力（N/50mm）	≥300	≥200	≥500
	最大拉力时伸长率（%）	≥50	≥180	≥30
	拉伸时现象	胶层与高分子膜或胎基无分离现象		
撕裂力（N）		≥20	≥25	≥200
耐热性		70℃，2h 无流淌、滴落、滑移≤2mm		
低温柔性（℃）		−20，无裂纹		

续表

项　目	性 能 指 标		
	高强度高分子膜（H 类）	高延伸高分子膜（E 类）	聚酯胎基（PY 类）
不透水性	0.3MPa 120min 不透水		
渗油性（张数）	≤2		
持粘性（min）	≥30		
卷材与卷材剥离强度（搭接边）（N/mm）	≥1.0		

2　高分子防水卷材的质量应符合（表 5.4.4-4～表 5.4.4-7）的规定。

聚氯乙烯（PVC）防水卷材主要性能指标　　表 5.4.4-4

项　目		性能指标			
		均质（H 类）	纤维背衬（L 类）	织物内增强（P 类）	玻璃纤维内增强（G 类）
拉伸强度/拉力		≥10.0MPa	≥120N/cm	≥250N/cm	≥10.0MPa
断裂伸长率（%）		≥200	≥150	最大拉力≥15	≥200
低温弯折性		−25℃，无裂纹			
不透水性		0.3MPa，2h，不透水			
热处理尺寸变化率（%）		≤2.0	≤1.0	≤0.5	≤0.1
直角/梯形撕裂强度		≥50N/mm	≥150N	≥250N	≥50N/mm
热老化处理（80℃，672h）	强度（拉力）保持率（%）	≥85	≥85	≥85	≥85
	伸长率保持率（%）	≥80	≥80	≥80	≥80
	低温弯折性	−20℃，无裂纹			

热塑性聚烯烃（TPO）防水卷材主要性能指标　　表 5.4.4-5

项　目	指　标
拉伸强度（MPa）	≥12
断裂伸长率（%）	≥500
低温弯折性（℃）	−40，无裂纹
不透水性	压力 0.3MPa，保持时间 120min，不透水
撕裂强度（kN/m）	≥60

预铺防水卷材主要性能指标　　表 5.4.4-6

项　目	塑料 P 类	沥青聚酯胎 PY 类	橡胶 R 类
拉力（N/50mm）	≥600	≥800	≥350
膜断裂伸长率（%）	≥400	—	≥300

续表

项　目		塑料 P 类	沥青聚酯胎 PY 类	橡胶 R 类
低温弯折性		主体材料－35℃，无裂纹	—	主体材料和胶层－35℃，无裂纹
不透水性		0.3MPa，120min 不透水		
冲击性能（0.5kg·m）		无渗漏		
钉杆撕裂强度（N）		≥400	≥200	≥130
抗窜水性（水力梯度）		0.8MPa/35mm，4h 不窜水		
与后浇混凝土剥离强度（N/mm）	（无处理）	≥1.5	≥1.5	0.8，内聚破坏
	浸水处理	≥1.0	≥1.0	0.5，内聚破坏
	泥沙污染表面	≥1.0	≥1.0	0.5，内聚破坏
	紫外线老化	≥1.0	≥1.0	0.5，内聚破坏
	热处理	≥1.0	≥1.0	0.5，内聚破坏
与后浇混凝土浸水后剥离强度（N/mm）		≥1.0	≥1.0	0.5，内聚破坏
热老化（80℃，168h）	拉力保持率（%）	≥90	≥90	≥80
	伸长率保持率（%）	≥80	≥80	≥70
	低温弯折性	主体材料－32℃，无裂纹	—	主体材料和胶层－32℃，无裂纹

聚乙烯丙纶复合防水卷材配套用聚合物水泥粘结料主要性能指标　表 5.4.4-7

项　目		性能指标
凝结时间	初凝（min）	≥45
	终凝（h）	≥24
潮湿基面粘结强度（MPa）	标准状态（7d）	≥0.4
	水泥标养状态（7d）	≥0.6
	浸水处理（7d）	≥0.3
粘结层抗渗压力（MPa）		≥0.3
剪切状态下的粘结性（N/mm）	卷材与卷材	≥3.0 或卷材破坏
	卷材与基底（标准状态）	≥3.0 或卷材破坏

5.4.5 建筑刚性防水材料性能指标

建筑刚性防水材料主要包括：聚合物水泥防水砂浆、无机防水材料、水泥基渗透结晶型防水涂料、高分子益胶泥和预拌普通防水砂浆。刚性防水材料的各项技术指标应符合表 5.4.5-1～表 5.4.5-5 的规定。砂浆防水剂主要性能指标应符合 5.4.5-6 的规定。

聚合物水泥防水砂浆主要性能指标   表 5.4.5-1

项 目		性能指标
凝结时间	初凝（min）	≥45
	终凝（h）	≤24
抗渗压力（MPa）	涂层 7d	≥0.4
	砂浆 7d	≥0.8
	砂浆 28d	≥1.5
柔韧性（横向变形能力，mm）		≥1.0
抗折强度（MPa）	28d	≥6.0
抗压强度（MPa）	28d	≥18.0
粘结强度（MPa）	7d	≥0.8
	28d	≥1.0
收缩率（%）	28d	≤0.30

无机防水材料主要性能指标   表 5.4.5-2

项 目		性能指标
凝结时间（min）	初凝	≥10
	终凝	≤360
抗折强度（MPa）	3d	≥3.0
抗压强度（MPa）	3d	≥13.0
粘结强度（MPa）	7d	≥0.6
抗渗压力（MPa）	7d 涂层	≥0.4
	7d 试件	≥1.5

水泥基渗透结晶型防水涂料主要性能指标   表 5.4.5-3

试 验 项 目		性能指标
含水率（%）		≤1.5
28d 抗折强度（MPa）		≥2.8
28d 抗压强度（MPa）		≥15.0
28d 湿基面粘结强度（MPa）		≥1.0
28d 砂浆抗渗性能	基准砂浆（MPa）	$0.4^{+0.0}_{-0.1}$
	带涂层的砂浆（MPa）	≥1.0
	抗渗压力比（带涂层，%）	≥250
	去除涂层的砂浆（MPa）	≥0.7
	抗渗压力比（去除涂层，%）	≥175

续表

试 验 项 目		性能指标
28d混凝土抗渗性能	基准混凝土（MPa）	$0.4^{+0.0}_{-0.1}$
	带涂层混凝土（MPa）	≥1.0
	渗透压力比（带涂层，%）	≥250
	去除涂层混凝土（MPa）	≥0.7
	渗透压力比（去除涂层，%）	≥175
56d带涂层混凝土第二次抗渗压力（MPa）		≥0.8

高分子益胶泥主要性能指标　　　　表5.4.5-4

项　　目		性能指标	
		Ⅰ型（用于防水及饰面砖粘结）	Ⅱ型（用于防水及天然石材粘结）
凝结时间	初凝（min）	≥180	
	终凝（min）	≤660	
抗折强度（28d，MPa）		≥4.0	
抗压强度（28d，MPa）		≥12.0	
柔韧性（横向变形能力），mm		≥1.0	
涂层抗渗压力（7d，MPa）		≥0.5	
拉伸粘结强度（28d，MPa）		≥1.0	
浸水后拉伸粘结强度（28d，MPa）		≥1.0	
热老化后拉伸粘结强度（28d，MPa）		≥1.0	
晾置时间20min拉伸粘结强度（MPa）		≥0.5	1.0
收缩率（%）		≤0.30	

预拌普通防水砂浆性能指标　　　　表5.4.5-5

项　　目	湿拌防水砂浆	干混普通防水砂浆
保水率（%）	≥88	≥88
凝结时间（h）	≥8、≥10、≥24	3~9
2h稠度损失率（%）	—	≤30
稠度允许偏差（mm）	50、70、90；±10	—
28d抗压强度（MPa）	M10：≥10.0 M15：≥15.0 M20：≥20.0	M10：≥10.0 M15：≥15.0 M20：≥20.0
抗渗压力（MPa）	P6：≥0.6 P8：≥0.8 P10：≥1.0	P6：≥0.6 P8：≥0.8 P10：≥1.0
14d拉伸粘结强度（MPa）	≥0.20	≥0.20
28d收缩率（%）	≤0.15	≤0.15

砂浆防水剂主要性能指标　　　　　　　　表 5.4.5-6

项目		性能要求	
		一等品	合格品
净浆安定性（%）		合格	合格
凝结时间	初凝（min）	≥45	
	终凝（h）	≤10	
抗压强度比（%）	7d	≥100	≥85
	28d	≥90	≥80
透水压力比（%）	7d	≥300	≥200
48h 吸水量比（%）	28d	≤65	≤75
收缩率比（%）	28d	≤125	≤135

5.4.6　混凝土外加剂

混凝土防水剂、膨胀剂质量性能指标应符合表 5.4.6-1、表 5.4.6-2 的规定，水泥基渗透结晶型防水剂质量性能指标应符合表 5.4.6-3 规定。

混凝土防水剂主要性能指标　　　　　　　表 5.4.6-1

项目		性能要求	
		一等品	合格品
安定性		合格	合格
泌水率比（%）		≤50	≤70
凝结时间差（min）	初凝	≥90	
抗压强度比（%）	3d	≥100	≥90
	7d	≥110	≥100
	28d	≥100	≥90
渗透高度比（%）	7d	≤30	≤40
48h 吸水量比（%）	28d	≤65	≤75
收缩率比（%）	28d	≤125	≤135

混凝土膨胀剂主要性能指标　　　　　　　表 5.4.6-2

项　目		性能要求
氧化镁（%）		≤5.0
细度	比表面积（m²/kg）	≥200
	1.18mm 筛余（%）	≤0.5
凝结时间	初凝（min）	≥45
	终凝（min）	≤600

建筑工程防水设计与施工维护

项　目		性能要求
限制膨胀率（%）	水　中 7d	≥0.025
	空气中 21d	≥0.020
抗压强度（MPa）	7d	≥22.5
	28d	≥42.5

水泥基渗透结晶型防水剂主要性能指标　　　　表 5.4.6-3

项　目		性能要求
含水率（%）		≤1.5
细度，0.63mm 筛余（%）		≤5
氯离子含量（%）		≤0.10
总碱量（%）		报告实测值
减水率（%）		≤8
含气量（%）		≤3.0
凝结时间差（min）	初凝	−90
抗压强度比（%）	7d	≥100
	28d	≥100
收缩率比（%）	28d	≤125
混凝土抗渗性能	28d 掺防水剂混凝土的抗渗压力（MPa）	报告实测值
	28d 抗渗压力比（%）	≥200
	掺防水剂混凝土的第二次（56d）抗渗压力（MPa）	报告实测值
	第二次（56d）抗渗压力比（%）	≥150

5.4.7　建筑密封防水材料

其质量性能指标应符合表 5.4.7-1～表 5.4.7-4 的规定。

建筑密封材料主要性能指标　　　　表 5.4.7-1

检测项目		性能要求						
		硅酮类（SR）		改性硅酮类（MS）			聚氨酯类	
		LM	HM	LM	HM	LM-R	LM	HM
下垂度（mm）		≤3		≤3			≤3	
弹性恢复率（%）		≥80		25 级≥70 20 级≥60		—	≥70	
定伸永久变形（%）		—		—		>50	—	
拉伸模量（MPa）	23℃	≤0.4 和≤0.6	>0.4 或>0.6	≤0.4 和≤0.6	>0.4 或>0.6	≤0.4 和≤0.6	≤0.4 和≤0.6	>0.4 或>0.6
	−20℃							

续表

检测项目	性能要求						
	硅酮类（SR）		改性硅酮类（MS）			聚氨酯类	
	LM	HM	LM	HM	LM-R	LM	HM
定伸粘结性	无破坏		无破坏			无破坏	
浸水后定伸粘结性	无破坏		无破坏			无破坏	
冷拉-热压后粘结性	无破坏		无破坏			无破坏	
质量损失率（%）	≤8		≤5			≤7	

止水带主要性能指标　　　　　　　　　　表 5.4.7-2

项　目		性　能　指　标			
		B 型（用于变形缝）	S 型（用于施工缝）	J（用于特殊耐老化接缝）	
				JX	JY
邵尔 A 硬度（度）		60±5			40～70
拉伸强度（MPa）		≥10		≥16	≥16
拉断伸长率（%）		≥380		≥400	≥400
压缩永久变形（%）	70℃×24h，25%	≤35		≤30	≤30
	23℃×168h，25%	≤20		≤20	≤15
撕裂强度（kN/m）		≥30		≥30	≥20
热空气老化（70℃×168h）	邵尔 A 硬度变化（度）	≤+8		≤+6	≤+10
	拉伸强度（MPa）	≥9		≥13	≥13
	扯断伸长率（%）	≥300		≥320	≥300

遇水膨胀止水条主要性能指标　　　　　　　　表 5.4.7-3

项　目	技术指标
硬度（C 型微孔材料硬度计，度）	≤40
7d 膨胀率为最终膨胀率的	≤60%
最终膨胀率（21d，%）	≥220
耐热度（80℃×2h）	无流淌
低温柔性（-20℃×2h，绕 φ10mm 圆棒）	无裂纹
耐水性（浸泡 15h）	整体膨胀无碎块

遇水膨胀止水胶主要性能指标　　　　　　　　表 5.4.7-4

项　目	性能指标	
	PJ-220	PJ-400
固含量（%）	≥85	
密度（g/cm³）	规定值±0.1	

建筑工程防水设计与施工维护

续表

项　目	性能指标	
	PJ-220	PJ-400
下垂度（mm）	≤2	
表干时间（h）	≤24	
7d 拉伸粘结强度（MPa）	≥0.4	≥0.2
低温柔性	−20℃，无裂纹	
拉伸强度（MPa）	≥0.5	
断裂伸长率（%）	≥400	
体积膨胀倍率（%）	≥220	≥400
长期浸水体积膨胀倍率保持率（%）	≥90	

第6章 防水工程的施工技术交底

影响防水工程施工质量的原因是多方面的，标准的工作流程、科学的施工管理是最重要的手段之一。防水工程的质量与作业人员的责任心、操作技能水平、熟练的技术工人精细施工息息相关，因此，有针对性进行防水工程各分项工程技术交底，强化技术质量培训和工序管理，使防水工程每个工序质量都在受控之中。标准化的防水工程施工流程，可减少人为因素导致的质量差异，弱化和减少个体对整体防水工程的影响，使施工流程化、管理专业化、材料标准化、操作规范化，确保防水工程施工质量。

6.1 防水混凝土施工技术交底

防水混凝土包括普通防水混凝土、外加剂防水混凝土、收缩补偿防水混凝土。执行防水混凝土施工技术交底的同时，应遵守国家、行业及地方标准的规定，满足施工图以及施工组织设计、施工专项方案的要求。

6.1.1 技术准备

1 施工前进行相关标准、施工图纸学习和培训，编制防水混凝土专项施工方案，并根据专项施工方案，做好技术交底，明确施工部位的施工工艺、施工顺序、质量标准和保证质量的技术措施、细部节点的处理方法。

2 材料需经有见证复验合格，防水混凝土配合比、强度等级、抗渗等级等各项指标均应满足设计要求；若底板混凝土等为大体积混凝土施工，应采取材料选择、骨料级配优化、配合比优化、温度控制、保温保湿养护等质量保证措施。

3 确定质量检验程序、施工记录的内容要求；确定好混凝土抗压标准养护试块和同条件试块、抗渗试块的数量、部位。

4 明确成品保护措施，做好安全、文明施工、职业健康、成品保护等交底。

5 施工前必须由专业工长、生产经理、项目经理会签确认后方可签发混凝土浇灌令。

6 掌握天气预报资料。

6.1.2 材料准备

所有材料应有产品合格证、出厂检测报告和进场有见证复验报告。

1 水泥：在不受侵蚀性介质和冻融作用时，宜用不低于 32.5 级的硅酸盐水泥、普通硅酸盐水泥，如掺用外加剂，亦可用矿渣硅酸盐水泥或按设计要求选用；在有侵蚀性介质作用时，应按介质的性质选用相应的水泥；受冻融作用时，优先选用普通硅酸盐水泥。

2 砂宜选用中粗砂，含泥量不大于 3.0%，泥块含量不宜大于 1.0%。

3 碎石或卵石的粒径宜为 5～40mm，含泥量不大于 1.0%，泥块含量不大于 0.5%；泵送混凝土中的石子最大粒径应小于泵送管径的 1/4（碎石不宜大于 1/5 管径）且不大于混凝土最小截面的 1/4；不大于受力钢筋最小净距的 3/4。

4 防水混凝土的拌和用水应采用不含有害物质的洁净水，宜采用一般自来水或可饮用的天然水。

5 掺和料：粉煤灰等，其掺量应由试验确定，并有出厂合格报告，等级应符合相关标准要求。

6 外加剂：外加剂应满足混凝土的抗渗、减水、密实、抗裂等性能要求，品种及掺量应通过试验确定，外加剂应符合国家及行业标准一等品及以上的质量要求。

7 纤维材料：防水混凝土可按工程抗裂要求掺入聚丙烯纤维等合成纤维、钢纤维等。

8 施工缝的止水设置可采用金属止水带或遇水膨胀止水条等，在强氧化和化学侵蚀环境中使用止水带时，应采用耐腐蚀的止水带。

6.1.3　施工机具准备

防水混凝土多采用商品混凝土，施工机具主要有混凝土运输罐车，混凝土泵及泵车、布料机、小推车、激光水平仪、振动棒、平板震动器、标尺杆、刮杆、溜槽、串桶、铁板、铁锹、吊斗、喷雾器等。

6.1.4　工艺流程

作业准备→钢筋、模板验收→混凝土运输→混凝土进场检测→混凝土浇筑→模板拆除→养护→验收

6.1.5　现场条件准备

1 浇筑前对标高、轴线复核无误，钢筋、模板等上道工序完成，办理完隐蔽验收、预检手续。预检中检查穿墙螺栓、设备管道或套管、施工缝及位于防水混凝土结构中的预埋件是否已做好防水处理。

2 确认墙柱钢筋防偏位措施已到位，梁板钢筋无超高现象。确认边模、吊模已加固到位，确认混凝土标高控制点及楼板厚度标高控制件已到位。

3　所有模板拼缝严密，不漏浆、不变形，吸水性小，支承牢固；混凝土浇筑前，须清除模板内的垃圾、杂物、积水和钢筋上的油污，木模板需浇水湿润。

4　立模时，应预先留出穿墙管和预埋件的位置，穿墙止水套管和预埋件准确牢固，外墙的穿墙套管已做好止水措施。

5　防水混凝土结构内部的钢筋、绑扎钢丝不得接触模板，固定外墙模板的螺栓需采用工具式止水螺栓。

6　板保护层垫块采用成品塑料垫块或砂浆垫块，禁止使用碎大理石等作为垫块；采用砂浆垫块时强度同混凝土强度，垫块尺寸宜为 50×50×厚度（与保护层厚度相同），垫块设置间距不大于 800mm。

7　楼板混凝土浇筑前，必须在钢筋面上设置施工作业人员通行的马道，马道宜采用钢管或钢筋制作。

8　施工设备、机具经维修保养处于良好运转状态，电力供应正常，可满足施工要求；材料存放场地、库房准备充分。

9　确认钢筋、模板、水电班组值班人员已到位。

10　地下室防水层施工期间必须做好降水和排水工作，地下水位应降至垫层底以下不少于 500mm 处，直至施工完毕。

6.1.6　防水混凝土施工

1　混凝土运输道路必须保持平整、畅通，尽量减少运输的中转环节，以防止混凝土拌合物产生分层、离析及水泥浆流失等现象。

2　混凝土拌合物运至浇筑地点后，如出现分层、离析现象，必须进行二次搅拌，不得直接加水拌合。

3　混凝土运输、浇筑及间歇的全部时间不应超过混凝土的初凝时间。

4　混凝土进场的检测要求

（1）坍落度：混凝土坍落度测试频率宜为每三车一次，每个工作班至少检查两次，坍落度检查是否与现场要求一致。

（2）混凝土配合比：检查核对工程名称、使用单位、浇筑部位、强度等级、粉煤灰掺量与级别、外加剂用量、坍落度等内容。

（3）混凝土送货单：检查核对强度等级、方量、坍落度、出厂时间、车牌号等内容。

（4）混凝土方量抽检：应制定混凝土方量抽样检测措施，施工前计算混凝土预算方量，浇筑完成后与实际用量对比分析；混凝土施工过程中，应随机抽检混凝土方量，检查方法宜采用过磅计量。

（5）氯离子检测：施工现场应配备氯离子检测仪，随机对混凝土进行检测。（不宜选择首车混凝土取样检测）。

5　混凝土输送管口至浇筑层自由高度大于 2m 时应采用导管、溜槽等工具进行浇灌，以防止防水混凝土拌合物分层离析。

6　混凝土应按规定分层浇筑，同一施工段的混凝土应连续浇筑并在底层混凝土初凝之前将上一层混凝土浇筑完毕；当底层混凝土初凝后浇筑上一层混凝土时，应按规范要求及施工技术方案中对施工缝的要求进行处理。

7　梁板混凝土浇筑，严禁在楼板或钢筋骨架局部集中下料，以防模板变形、坍塌。梁柱核心区钢筋过密部位，在混凝土浇筑前，提前留置振捣口，保证振捣质量。

8　墙柱与梁板混凝土等级不同时，首先在墙柱核心区周边 500mm 拦设钢丝网，待强度等级较高的混凝土浇筑完成至楼板设计标高后，方可浇筑强度等级较低的梁板混凝土。

9　混凝土浇筑过程中应采用振动棒捣振（振捣点间距≤400mm），墙柱根部宜采用人工二次振捣。

10　墙柱混凝土浇筑前应先浇筑 50mm 厚同强度等级的砂浆，再浇筑混凝土，防止烂根。

11　大体积混凝土需有专项防治裂缝措施，从材料选用、优选配合比，组织各方对混凝土施工过程进行控制，采取降温、保温保湿养护等措施，降低水化热，减少温度裂缝。

12　后浇带应采用比同楼层高一强度等级的微膨胀混凝土浇筑。

13　后浇带混凝土浇筑前，应先将旧混凝土层凿除，并将杂物清理干净，施工缝应浇水冲洗、湿润、涂刷素水泥浆结合层。

14　后浇带混凝土浇筑前，须将后浇带内明水抽取干净，浇筑方向应从离集水坑最远的一端开始，浇筑过程中集水坑内应设置水泵连续排水。

15　混凝土施工标高控制应采用拉线控制、楼板厚度控制件标高控制、水准仪动态跟踪测量综合标高控制方法。

16　防水混凝土拆模时间以同条件养护试块强度为依据，宜在混凝土强度达到或超过设计强度等级的 75％时拆模，特殊部位需达设计强度等级的 100％方可拆模；拆模时结构混凝土表面温度与周围环境温度差不得小于 15℃。炎热季节拆模时间以早、晚间为宜，应避开中午或温度最高的时段。

17　地下室底板、地下室顶板、屋面结构楼板应采用蓄水养护、覆盖塑料薄膜或麻袋养护等方式；地下室外墙混凝土结构宜采用管道淋水养护（图 6.1.6）。

18 墙柱结构混凝土应采用覆盖塑料薄膜或浇水养护；结构楼板应采用浇水养护或薄膜覆盖养护；后浇带应蓄水养护。

19 防水混凝土养护不应少于 14d，养护期内应始终保持混凝土表面湿润。

图 6.1.6 地下室外墙管道淋水养护

6.1.7 防水混凝土工程质量验收

1 主控项目

（1）防水混凝土的原材料、配合比及坍落度必须符合设计要求。

检验方法：检查产品合格证、产品性能检测报告、计量措施和材料进场检验报告。

（2）防水混凝土的抗压强度和抗渗性能必须符合设计要求。

检验方法：检查混凝土抗压强度、抗渗性能检验报告。

（3）防水混凝土结构的变形缝、施工缝、后浇带、穿墙管、埋设件等设置和构造必须符合设计要求。

检验方法：观察和检查隐蔽工程验收记录。

2 一般项目

（1）防水混凝土结构表面应坚实、平整，不得有露筋、蜂窝等缺陷；埋设件位置应准确。

检验方法：观察检查。

（2）防水混凝土结构表面的裂缝宽度应不大于 0.2mm，且不得贯穿。

检验方法：用刻度放大镜观察检查。

（3）防水混凝土结构厚度不应小于 250mm，其允许偏差为＋8mm，－5mm；迎水面钢筋保护层厚度应不小于 50mm，其允许偏差为±5mm。

检验方法：尺量检查和检查隐蔽工程验收记录。

6.1.8 防水混凝土施工注意事项

1 加强对操作工人员的培训及教育，增强成品保护意识，技术人员在编制方案、技术交底时，作出详细、针对性的成品保护措施，并保证交底到位。

2 加强施工中的交接检查，上下道工序和班组交接班必须在相关负责人的组织下进行，严禁本道（班）不合格产品进入下道工序（班）。

3 确保钢筋模板位置正确，不得踩踏钢筋和模板。

4 应做好混凝土施工过程中钢筋的保护措施：在混凝土浇筑前，应采用套PVC管、缠绕塑料薄膜等方式对墙柱竖向钢筋进行保护，防止混凝土污染，保护高度宜在自楼板钢筋面起 500～800mm；也可选择人工清理钢筋上的混凝土。

5 变形缝、水落口等处，施工中需临时塞堵和挡盖，以防其中掉落材料、杂物等，施工完后将临时堵塞、挡盖物清除，保证管、口内畅通。

6 应做好混凝土终凝前的成品保护措施：应严格控制上人时间，混凝土强度达到 1.2 MPa 后（且混凝土浇筑完成 12h 左右，行走不留脚印）方可进行下一道工序施工。

7 严格控制塔吊往楼层调运施工材料的时间，混凝土施工完毕，强度达到要求后，经主管工程师通知方可往混凝土楼面吊运施工材料。

8 拆除模板时严禁野蛮作业。在拆模和吊运其他构件时，不得碰坏施工缝企口及撞动止水带；应保护穿墙管、电线管、电器盒及预埋件等，防止振捣时管线或预埋件移位；并做好混凝土墙柱、楼梯踏步阳角成品保护。

6.1.9 施工安全、文明施工、职业健康保证措施

1 施工前对全体施工人员进行安全生产培训，考核合格后方可上岗，作业人员必须熟知本工种的安全操作规程和施工现场的安全生产制度。

2 正确使用安全"三宝"：进入施工现场着装整齐，必须佩戴安全帽，正确使用个人劳动保护用品，高空作业必须系好安全带；建筑物的临边、洞口处必须设置安全防护栏杆及警示牌。

3 作业人员需身体健康方可进入现场施工作业，施工过程中发生恶心、头

晕、过敏等，应停止作业；酒后及患有高血压、心脏病、癫痫病的人员严禁参加高空作业。

4 脚手架、模板、作业通道、斜道、操作平台搭设牢靠，验收合格；临边洞口已做好防护，模板支架需按规定设置平网。

5 进入施工现场的各种机械设备、半成品、原材料等，均须按指定位置堆放整齐，不得随意乱放，确保道路畅通；泵送设备、汽车吊等设备需离基坑边有合适的安全距离，施工过程中要做好基坑、边坡及施工周边建筑物的监测工作。

6 宜做防水混凝土泵送专项安全方案或专项施工措施，按规定布置好泵管的敷设线路、泵车的支设位置、泵管的垂直固定等，确保施工安全。

7 夜间施工应有足够的照明，现场临时用电需按临时用电方案施工，所有电气设备的修理拆换必须由持证的电工操作，脚手架、高大模板工程需由持证的架子工操作，塔吊、施工电梯等需由持合格的特殊工种证的人员操作。

8 浇筑地下工程的混凝土之前，应检查地下室的降排水情况，检查边坡、周边建筑物的第三方监测情况，检查基坑是否有沉降、裂缝、坍塌等现象。

9 使用振动棒、平板振动器应检查电源、漏电开关是否正常，施工时不得随地拖拉电源线。

10 浇筑无板框架梁、圈梁、柱等混凝土时，需搭设操作架，其防护栏杆、平网等需按规定设置。

11 设专人了解气象信息，及时做好预报，并采取相应防患大风、大雨措施，防止发生事故；在台风、暴雨等恶劣的气候条件下，不得在露天进行高空作业、室外施工。

12 对施工作业人员进行文明施工教育，要求工完料清，场地干净整洁。

13 库房及施工现场严禁吸烟。使用明火操作时，申请办理用火证，并设专人看火。配备灭火器材，库房及现场周围 30m 以内不得有易燃物。

14 遵守有关市容、场容管理制度，加强现场用水、排污的管理，做到场地整洁，道路通畅；做好现场清洁卫生，施工现场的垃圾要按规定分类，按环保要求运至指定的地点。

15 施工现场应采取降噪措施控制噪声，严格控制作业时间，减少对周围环境的干扰、对周边居民的影响。

6.2 细石混凝土防水保护层施工技术交底

细石混凝土多用作防水层的保护层，执行本技术交底的同时，应遵守国家、行业及地方规范标准的规定，满足施工图以及施工专项方案的要求。

6.2.1 技术准备

1 了解施工图要求，明确施工部位的施工工艺、技术要求、细部构造等，编制细石混凝土防水保护层施工方案，做好技术交底。

2 材料需经有见证复验合格，细石混凝土配合比、试配结束，强度等级等各项指标满足设计要求。

3 做好相关规范的学习培训，确定质量检验程序、施工记录的内容要求。

4 明确成品保护措施及施工安全、文明施工注意事项，做好安全、文明施工、职业健康、成品保护等交底。

5 掌握天气预报资料。

6.2.2 材料准备

所有材料应有产品合格证、出厂检测报告和进场有见证复验报告。

1 水泥：宜用不低于32.5级的硅酸盐水泥、普通硅酸盐水泥，如掺用外加剂，亦可用矿渣硅酸盐水泥或按设计要求选用，不得使用火山灰质水泥。

2 细骨料选用含泥量小于3.0%的级配良好的中砂。

3 石子：石子最大粒径不宜大于15mm，不应大于20mm，颗粒级配应为连续级配。含泥量不大于1.0%。

4 防水混凝土的拌和用水宜采用一般自来水或可饮用的天然水。

5 掺和料：粉煤灰等，其掺量应由试验确定，并有出厂合格报告，等级应符合相关标准的规定。

6 外加剂：应根据具体情况通过试验确定，并有产品合格证书、性能检测报告，并复试合格。外加剂的种类很多，用于细石混凝土刚性防水层屋面的主要有膨胀剂、减水剂和防水剂等。

6.2.3 施工机具准备

细石混凝土多采用商品混凝土，施工机具主要有混凝土运输罐车、混凝土浇筑泵车、混凝土搅拌机布料机、水平仪、平板震动器、铝合金刮杠、木抹子、溜槽、串桶、铁板、铁锹、吊斗、小线等。

6.2.4 工艺流程

基层检查、清理→计算机排版→测量、定位、弹线→确定排水坡向→确定分格缝位置→设置标高控制点→节点附加增强层处理→做隔离层→安装钢筋网片→安装分格缝模条→浇筑细石混凝土→振捣、抹平压实、压光→养护→取出分格缝木条和拆除边缘模板或切割分格缝→分格缝清理→分格缝涂刷基层处理剂→分格

缝嵌填密封材料→固化后做盖缝保护层→检查、验收

6.2.5　现场条件准备

1　浇筑前对标高、轴线复核无误并完成钢筋网片的隐蔽验收工作。

2　钢筋网片可绑扎或点焊成型，亦可购买成品钢筋网片。绑扎钢筋网片的钢丝应弯至主筋下，防止丝头露出混凝土表面引起锈蚀，形成渗漏点。焊接网片搭接长度不应小于 25d（d 为绑扎钢筋直径），同一截面内钢筋接头不得超过钢筋截面面积 25%。

3　钢筋网片的位置应处于细石混凝土防水保护层的中偏上，但钢筋网片保护层的厚度不应小于 15mm，可采用钢筋马凳控制钢筋网片保护层的厚度，同时在混凝土浇捣过程中派专职钢筋工对钢筋网片保护层厚度进行调整。

4　分格缝处钢筋应断开，使防水层在该处可以自由伸缩。

5　边模安装时应抄平拉通线，标出防水层厚度和排水坡度。

6　混凝土浇筑前，基层必须彻底清除垃圾、杂物，模板需浇水湿润。

7　施工设备、机具经维修保养处于良好运转状态，电力供应正常，可满足施工要求；材料存放场地、库房准备充分。

8　确认钢筋、模板、水电班组值班人员已到位。

9　地下防水混凝土工程施工期间必须做好降水和排水工作。

6.2.6　细石防水混凝土施工

1　细石防水混凝土内应配制 $\phi 4@100$ 网片或 $\phi 6@150$ 的双向钢筋网片，钢筋网片应放在混凝土中上部。钢筋网片在分隔缝处应断开，钢筋保护层厚度不宜小于 15mm。

2　为减小细石防水混凝土的总收缩值和温度应力，避免因结构基层变形及温度、湿度变化引起防水层开裂而导致渗漏，细石防水混凝土层应设置分格缝，使大面积变成规则的小板块，板块间留出伸缩缝，缝中嵌柔性防水密封材料，使变形集中于分格缝中。

3　屋面分格缝间距不应大于 4m（深圳地区），其他地区按国家及当地标准施工，顶板分格缝间距不应大于 6m，表面应抹平压光并充分养护；分格缝宽度宜为 10～20mm，深度同细石混凝土面层厚度，分格缝内采用混凝土建筑接缝用密封胶嵌缝，上部应设置保护层。施工时分格条位置应安装准确，施工时不得损坏分格缝两边的混凝土。

4　在顶板、屋面细石防水混凝土施工开始之前，测量顶板、屋面实际平面尺寸，预先用计算机进行分格缝布置预排，分隔缝布置原则：

（1）应结合建筑柱网及凸出物的分布情况，自分水线向两侧和横向对称分格，保证分格缝通直，宽度一致，分块面积大致均匀；

（2）在女儿墙、山墙、转折处、突出结构的交界处设置分格缝，构造做法同大面分格缝，距离以上部位立面200mm；

（3）排气孔的设置间距及位置应同时考虑，根据工程实际情况设置在分格缝交叉处或分块区域中心；

（4）有天沟时，在天沟两侧150～200mm处应留设一道分格缝。

5　按照预排图现场双向拉通线，定位弹线，分格条两侧采用水泥砂浆护角固定，灰饼按照面层坡度来制作。

6　单坡屋面分格缝应沿水流方向设置，双坡屋面除沿水流方向设置外，还应在屋脊处设置分格缝，当檐口至屋脊的距离大于6～7m时，应增设一道纵向分格缝。纵向分格缝应与板缝对齐。

7　细石混凝土防水保护层分块的形状以正方形或接近正方形为宜，并应纵横对齐，不得错缝。所有分格缝应与结构层的板缝对齐，不可错缝。

8　细石混凝土防水保护层与山墙、女儿墙交接处、变形缝两侧墙体交接处应留宽度为30mm的缝隙并应用密封材料嵌填；泛水处应铺贴卷材或涂膜附加层；变形缝中应填充泡沫塑料或沥青麻丝，其上填放衬垫材料，并应用卷材封盖，顶部应加扣混凝土或金属盖板。

9　伸出屋面管道与细石混凝土防水保护层交接处应留设凹槽，槽内嵌填密封材料，并应加设柔性防水附加层。

10　混凝土铺设前应先标出浇筑厚度，再用靠尺刮铺平整，保证细石混凝土防水保护层厚度一致，钢筋网片放置在面层混凝土中上部，保护层厚度15mm，并应在分格缝处断开。

11　细石混凝土浇筑应按先远后近、先高后低的原则，逐个分格进行。一个分格缝内的混凝土必须一次浇筑完成，不得留施工缝。抹压时不得在表面洒水、加水泥浆或撒干水泥，混凝土收水后应进行二次压光。

12　细石混凝土防水保护层宜用高频平板振捣器振捣，捣实后再用重40～50kg，长600mm左右的铁滚筒十字交叉地来回滚压5～6遍至混凝土密实，表面泛浆为止。

13　混凝土振捣、滚压泛浆后，按设计厚度要求用木抹抹平压实，使表面平整。在浇捣过程中，用2m直尺随时检查，并把表面刮平。

14　待混凝土收水初凝后，取出分格条，用铁抹子进行第一次抹光，并用水泥砂浆修整分格缝，使之平直整齐。

15　终凝前进行第二次抹光，使混凝土表面平整、光滑、无抹痕。抹光时不得在表面洒水、撒干水泥或加水泥浆。必要时还应进行第三次抹光。

16　细石混凝土终凝后应及时进行养护，一般可采用覆盖草袋、草帘等再浇水养护或涂刷养护剂，有条件时采用蓄水养护，蓄水深度 50mm 左右。养护时间不宜少于 7d。养护初期防水层不得上人。

17　分格缝施工：分格缝的嵌填应待细石混凝土达到设计强度后进行。其做法大致有盖缝式、灌缝式和嵌缝式，清理分格缝，干砂填充砂浆勾缝或填嵌背衬材料（泡沫棒、聚苯板），表面压平后应低于混凝土面层 7mm，嵌缝前应保证基层干燥，在缝两侧贴美纹纸，缝壁涂刷基层处理剂，用油膏嵌缝或用胶枪将耐候胶均匀挤入缝内，并用专用工具捋光顺平，表面应成凹弧形。

6.2.7　细石混凝土工程质量验收

1　主控项目

（1）混凝土的原材料、配合比及坍落度必须符合设计要求。

检验方法：检查产品合格证、产品性能检测报告、计量措施和材料进场检验报告。

（2）混凝土的抗压强度必须符合设计要求。

检验方法：检查混凝土抗压强度检验报告。

（3）混凝土结构的变形缝、施工缝、后浇带、穿墙管、埋设件等设置和构造必须符合设计要求。

检验方法：观察和检查隐蔽工程验收记录。

2　一般项目

（1）混凝土结构表面应坚实、平整，不得有露筋、蜂窝等缺陷；埋设件位置应准确。

检验方法：观察检查。

（2）混凝土结构表面的裂缝宽度应不大于 0.2mm，且不得贯穿。

检验方法：用刻度放大镜观察检查。

（3）混凝土结构厚度应满足设计要求，其允许偏差应为＋8mm、－5mm；细石混凝土钢筋网片保护层厚度不应小于 15mm。

检验方法：尺量检查和检查隐蔽工程验收记录。

6.2.8　细石防水混凝土工程施工注意事项

1　底板防水层上的细石混凝土保护层无需设置分隔缝。

2　细石混凝土层与防水层之间宜设置隔离层。

3　细石混凝土从商品混凝土搅拌站或混凝土搅拌机出料至浇筑完成的时间不宜超过初凝时间，在运输和浇筑过程中，应防止混凝土分层离析，如有分层离析现象，应重新搅拌后使用。混凝土进场的检测要求同防水混凝土。

4　钢筋网片需轻拿轻放，严禁拖行，确保钢筋网片、边模位置正确，不得踩踏钢筋网片和模板。

5　手推车内混凝土应先倒在铁板上，再用铁锹反扣铺设，不能直接往隔离层上倾倒，如用浇灌斗吊运时，倾倒高度不应高于1m，且宜分散倒于结构面上，不能过于集中。

6　关注天气变化，防止突然下雨或寒流袭击使细石混凝土防水保护层损坏或受冻。

7　细石混凝土层严禁埋设管线。

6.2.9　施工安全、文明施工、职业健康保证措施

1　建立安全生产管理体系，明确责任制，项目经理为项目安全生产、文明施工、职业健康第一责任人。

2　上岗前教育：对全体施工人员进行安全生产教育，考核合格后方可上岗，施工前进行安全技术交底。

3　正确使用安全"三宝"：进入施工现场着装整齐、必须佩戴安全帽、高空作业必须系好安全带；建筑物的临边洞口处必须设置安全防护栏杆及警语牌。

4　脚手架、临边洞口等安全防护措施已落实；施工现场设备、电器、高空作业等安全要求，必须按照国家和地方现行相关标准执行。

5　患病、疲惫人员，不得参加施工作业，施工过程中发生恶心、头晕、过敏等，应停止作业；施工现场和配料场地应通风良好，做好防雨、防中暑措施。

6　设专人了解气象信息，及时作出预报，并采取相应防患大风、大雨措施，防止发生事故；禁止在台风、暴雨等恶劣的气候条件下进行室外施工。

7　遵守有关市容、场容管理制度，加强现场用水、排污的管理，做到场地整洁，做好现场清洁卫生。

8　进入施工现场的各种机械设备、半成品、原材料等，均须按指定位置，堆放整齐，不得随意乱放，以保证道路畅通。

9　对施工作业人员进行文明施工教育，要求工完料清，场地干净整洁。

10　施工现场应控制噪声，减少对周围环境的干扰。

6.3 聚合物水泥防水砂浆施工技术交底

防水砂浆包括普通防水砂浆、外加剂防水砂浆、聚合物水泥防水砂浆。聚合物水泥防水砂浆是以高分子聚合物、水泥、石英砂为主要原料，以聚合物和添加剂等为改性材料并以适当配比混合而成的防水材料。产品按聚合物改性材料的状态分为干粉类（Ⅰ类）和乳液类（Ⅱ类），干粉类（Ⅰ类）由水泥、细骨料和聚合物干粉、添加剂等组成；乳液类（Ⅱ）类由水泥、细骨料的粉状材料和聚合物乳液、添加剂等组成；性能指标应按现行行业标准《聚合物水泥防水砂浆》JC/T 984 执行。

聚合物水泥防水砂浆具有较好的抗渗性能，具有较高的抗压强度、抗折强度，同时还具有一定的柔性和较好的粘接、防裂性能；粘接强度高，具有与水泥砂浆相同的耐久性和耐腐蚀能力；由于采用高分子聚合物胶乳作为改性成分，无有机溶剂挥发，对环境无污染；可在潮湿基面施工，干燥基面应洒水湿润无明水；聚合物水泥防水砂浆工艺简单，施工方便。

执行本技术交底的同时，应遵守国家、行业及地方标准的规定，满足施工图以及施工组织设计、施工专项方案的要求。

6.3.1 技术准备

1 聚合物水泥防水砂浆施工前，应进行详细的技术交底，使所有施工人员对现场情况、技术要求充分了解，掌握施工工艺流程、质量标准等。

2 原材料、半成品有产品合格证、复验合格。

3 明确成品保护措施及施工安全、文明施工注意事项，做好安全、文明施工、职业健康、成品保护等交底。

4 掌握天气预报资料。

6.3.2 材料准备

1 自拌砂浆

所有材料应有产品合格证、出厂检测报告和进场有见证复验报告。

（1）水泥：宜用不低于 32.5 级的硅酸盐水泥、普通硅酸盐水泥、特种水泥或按设计要求选用。应分批检验水泥的强度和安定性，并应以同一生产厂家、同一编号的水泥为一批；水泥出厂不得超过三个月，不同品种、不同强度等级的水泥不得混用，大批量水泥需分类存放在干燥、通风的仓库内保存，搅拌现场少量水泥须在水泥下面垫好隔离板，上面做好防雨措施，避免受潮、结块。不得使用过期或受潮结块的水泥。

（2）细骨料宜选用含泥量不大于 1% 的级配良好的中砂，硫化物和硫酸盐含量不得大于 1%。

（3）防水砂浆的拌和用水应采用不含有害物质的洁净水，宜采用一般自来水或可饮用的天然水。

（4）掺和料：掺和料掺量应由试验确定，有产品合格证书、性能检测报告，并复试合格。

（5）外加剂：应根据具体情况通过试验确定，并有产品合格证书、性能检测报告，并复试合格。

（6）聚合物水泥防水砂浆试验方法按现行行业标准《聚合物水泥防水砂浆》JC/T 984 执行（表 6.3.2）。

聚合物水泥防水砂浆主要性能指标　　　　　　　　　　表 6.3.2

项目		性能指标
凝结时间	初凝（min）	≥45
	终凝（h）	≤24
抗渗压力（MPa）	涂层 7d	≥0.4
	砂浆 7d	≥0.8
	砂浆 28d	≥1.5
柔韧性（横向变形能力，mm）		≥1.0
抗折强度（MPa）	28d	≥6.0
抗压强度（MPa）	28d	≥18.0
粘结强度（MPa）	7d	≥0.8
	28d	≥1.0
收缩率（%）	28d	≤0.30

进场的聚合物水泥防水砂浆应按照规范规定，在建设单位或监理的见证下抽样送检，所检验项目中全部指标达到标准规定时，即为合格。不合格的材料不得在工程中使用。

（7）水泥基渗透结晶型防水剂外观质量检验：液体经搅拌后均匀、无沉淀；粉料均匀、无结块粉末。

（8）检验批及抽样规定：

① 同一类别的产品每 50t 为一批，不足 50t 按一批抽样；

② 每批次随机抽取 1 组样品，每组至少 10kg，双组分产品按配比分别取样，干燥贮存。

（9）进场复验项目：凝结时间、粘结强度、抗折强度、抗压强度、抗渗压力、柔韧性。

（10）进场的水泥基渗透结晶型防水剂应做好标识，标明名称规格、生产厂家、执行标准号、生产日期和产品有效期，分类存放。

2　预拌砂浆

（1）预拌砂浆进场时，供货方应按规定批次提供质量证明文件，应包括产品型式检验报告和出厂检验报告等。

（2）湿拌砂浆应外观均匀，无离析、泌水现象，应进行稠度检验；施工现场宜配备湿拌砂浆池，宜采用遮阳、保温、防雨等措施。

（3）散装干混砂浆应外观均匀，无结块、受潮现象；袋装干混砂浆包装完整，无受潮现象。

（4）严禁在砂浆内添加无质量证明文件的掺合料、添加剂、外加剂。

6.3.3　施工机具准备

防水砂浆施工机具主要有砂浆搅拌机、高压吹风机、手推车、吊斗、铁板、铁锹、灰桶、小水桶、水平仪、标尺杆、靠尺、皮卷尺、钢卷尺、2m 靠尺板、八字尺、方尺、木刮尺、木抹子、铁抹子、阴阳角抹子、喷壶、钢丝刷、毛刷、刮杆及一般抹灰工程用具。

6.3.4　工艺流程

基层清理、润湿、隐蔽验收→水泥防水砂浆或浆液计量、配料→搅拌→水泥砂浆运输→涂、刷界面处理剂→喷、抹底层防水砂浆→压实搓毛→涂刷素浆→喷、抹上道防水砂浆→收水后二次压光→养护→验收

6.3.5　现场条件准备

1　聚合物胶乳防水砂浆基层结构的分部分项工程应经过建设、设计、监理、施工单位等共同验收，办理完隐蔽验收、预检手续。预检中检查门窗洞口尺寸、预留孔、设备管道或套管已处理完毕。

2　防水砂浆涂抹前，基层砂浆或混凝土强度应不低于设计值的 80%，需要预埋的管线已安装完毕，并经检查验收合格。

3　基层应平整、坚固，施工前应将埋设件、穿墙管预留凹槽内嵌填密封材料后，再进行水泥砂浆防水层施工。

4　外墙脚手眼、穿墙螺杆孔外侧用人工凿成喇叭形，喇叭口深度不小于

30mm，直径不小于 50mm，将喇叭口内外露的螺杆头割除，提前将喇叭口混凝土清理并湿润后用聚合物防水砂浆封堵挡土墙内外侧喇叭口，表面应抹平压光。

5 基层表面应做好甩浆，甩浆密度应覆盖结构墙面 95%，甩完浆必须进行喷水养护，养护时间不少于 7d；突出墙面的毛刺强度必须高于抹灰强度，避免扁平，以现场手掰不断为宜。

6 聚合物防水砂浆施工的基面结构应提前浇水均匀湿润。

7 水泥、砂、聚合物等外加剂、掺合料应按设计要求计量、配比。

8 砌体与结构梁底、砌体与结构墙柱结合处找平抹灰时基体上应挂钢丝网，每边宽度不小于 150mm，24m 以上的公共建筑外墙找平抹灰时基体上应满挂钢丝网。

9 为了防止外墙抹灰面开裂，在外墙找平抹灰时需设置分格缝。分格缝一般深 7mm，宽 10～20mm，水平分格缝设置间距不大于 3m，竖向分格缝设置间距：深圳地区不大于 3m，其他地区如无地方标准要求不大于 6m，且应符合设计图纸的要求；抗裂分格缝与装饰分格缝应尽可能重合。严禁在砌体墙面机械切割分格缝，缝中应嵌填密封材料或采用成品分格条。

10 防水砂浆施工前，应按灰饼安装配电箱底盒，并做好保护；电箱须做保护盖或塞泡沫块进行保护，水电管线应包裹防止防水砂浆施工中被砂浆污染。

11 地下室施工时，地下水位应降至工程底板 500mm 以下，降水作业应持续至回填完毕。

6.3.6 聚合物防水砂浆施工

聚合物防水砂浆分为干粉型聚合物水泥防水砂浆和乳液型聚合物水泥防水砂浆，干粉型聚合物水泥防水砂浆由工厂生产，现场施工时加入适量水，分二至三遍抹于基层，厚度一般为 3～5mm。乳液型聚合物水泥防水砂浆。先将基层处理剂搅拌均匀后涂刷于基层，水泥、砂、聚合物等外加剂、掺合料应按设计要求及乳液厂家提供的配合比，称量准确、搅拌均匀，用抹子分层抹压平整光滑。砂浆表面需二次压光。终凝后保湿养护 14d，未硬化前不得浇水养护。

1 基层应浇水湿润，水应渗入砌体基面内 10～20mm，且基面不得有明水。防水砂浆施工前，基层砂浆或混凝土强度不应低于设计值的 80%。

2 基层应平整、坚固、洁净，无浮尘杂物，不得有疏松、凹陷处；如果有油污、孔洞等要进行清洗、修补抹平。

3 聚合物防水砂浆应分层施工，防水砂浆每次分层厚度不超过 10mm。分层施工的厚度应一致，用抹子分层抹压平整光滑，抹灰各层应紧密贴合，每层宜连续施工；如必须留槎时，采用阶梯坡形槎，但必须离开阴阳角处 200mm；接槎要依层次顺序操作，层层搭接紧密，搭接宽度不小于 100mm。

4　抹底层防水砂浆：先薄薄抹一层底层防水砂浆，并应压实、覆盖整个基层，用木抹子搓毛。

5　抹面层防水砂浆：待前一层六七成干时，再分层抹面层防水砂浆，找平、表面赶光压实，用铁抹子压一遍，最后用塑料抹子二次压光。

6　防水砂浆要抹平压实，不得有空隙裂纹，地漏口、穿墙套管、管根部、卫生洁具的根部、结构转角等细部节点应进行增强处理。阴阳角部位应做成圆弧，管根部周围在基层宜剔宽深约为 1cm 的槽，用聚合物水泥防水砂浆嵌入后涂抹聚合物水泥防水砂浆一遍，压入一层网格布。再在其上抹聚合物水泥防水砂浆。

7　面层与底层防水砂浆严禁一遍成活。涂料外墙原浆压光，瓷片外墙抹实搓平。

8　面层防水砂浆施工完工后至少喷水养护 7d。

6.3.7　聚合物防水砂浆工程质量验收

1　检验批应按下列规定划分：

（1）相同材料工艺和施工条件的室外防水砂浆每 100m² 应划分为一个检验批，不足 100m² 也应划分为一个检验批。

（2）相同材料工艺和施工条件的室内防水砂浆每 10 个自然间（大面积房间按防水砂浆面积 30m² 为一间）应划分为一个检验批，不足 10 间也应划分为一个检验批。

2　检查数量应符合下列规定：

（1）室内每个检验批应至少抽查 10%，并不得少于 3 间，不足 3 间时应全数检查。

（2）按施工面积每 100m² 抽查 1 处，每处 10m²，且不得少于 3 处。

3　主控项目

（1）防水砂浆的原材料及配合比必须符合设计规定。

检验方法：检查产品合格证、产品性能检测报告、计量措施和材料进场检验报告。

（2）防水砂浆的粘结强度和抗渗性能必须符合设计规定。

检验方法：检查砂浆粘结强度、抗渗性能检测报告。

（3）水泥砂浆防水层与基层之间应结合牢固，无空鼓现象。

检验方法：观察和用小锤轻击检查。

4　一般项目

（1）水泥砂浆防水层表面应密实、平整，不得有裂纹、起砂、麻面等缺陷。

检验方法：观察检查。

（2）水泥砂浆防水层施工缝留槎位置应正确，接槎应按层次顺序操作，层层搭接紧密。

检验方法：观察检查和检查隐蔽工程验收记录。

（3）水泥砂浆防水层的平均厚度应符合设计要求，最小厚度不得小于设计值的 85%。

检验方法：用针测法检查。

（4）水泥砂浆防水层表面平整度的允许偏差应为 5mm。

检查方法：用 2m 靠尺和楔形塞尺检查。

（5）护角、孔洞、槽盒周围的表面应整齐光滑，管道后面的表面应平整。

检验方法：观察。

（6）抹灰分格缝的设置应符合设计要求。宽度和深度应均匀，表面应光滑，棱角应整齐。

检验方法：观察尺量检查。

（7）有排水要求的部位应做滴水线（槽）。滴水线（槽）应整齐、顺直。滴水线应内高外低。滴水槽的宽度和深度均不应小于 10mm。

检验方法：观察尺量检查。

6.3.8　防水砂浆施工注意事项

1　水泥砂浆防水层适用于结构的迎水面或背水面。不适用于受持续振动或环境温度高于 80℃ 的工程。

2　水泥砂浆的配制应按所掺材料的技术要求准确计量。

3　分层铺抹或喷涂，铺抹时应压实、抹平，最后一层表面应提浆压光。

4　防水层各层应紧密粘合，每层宜连续施工；必须留设施工缝时，应采用阶梯坡形槎，但与阴阳角的距离不得小于 200mm。

5　水泥砂浆终凝后应及时进行养护，养护温度不宜低于 5℃，并应保持砂浆表面湿润，养护时间不得少于 14d。聚合物水泥防水砂浆未达到硬化状态时，不得浇水养护或直接受雨水冲刷，硬化后应采用干湿交替的养护方法。潮湿环境中，可在自然条件下养护。

6　应做好防水砂浆终凝前的成品保护措施，未硬化的防水砂浆不得上人踩踏；严格控制上人及上料的时间。

7　保护穿墙管、电线管、电器盒及预埋件等，防止施工捣时挤扁或预埋件移位。

6.3.9　施工安全、文明施工、职业健康保证措施

1　对全体施工人员进行安全生产培训、交底，考核合格后方可上岗，施工中坚持"班前交底，班中检查，班后总结"。

2　进入现场作业人员需正确使用安全"三宝"，必须佩戴安全帽，穿胶鞋，正确佩戴使用个人劳动保护用品，高空作业必须系好安全带；建筑物的临边洞口处必须设置安全防护栏杆及警语牌。

3　作业人员需身体健康持有上岗证方可进入现场施工作业，施工过程中发生恶心、头晕、过敏等，应停止作业；酒后及患有高血压、心脏病、癫痫病的人员严禁参加高空作业。

4　施工现场设备、电器、高空作业等安全要求，必须按照国家和地方现行相关标准执行。

5　在台风、暴雨等恶劣的气候条件下，不得在露天进行高空作业、室外施工。

6　现场应有良好通风，工人应佩戴保护用品，完工后及时清洗工具。

6.4　水泥基渗透结晶型防水涂料技术交底

执行本技术交底的同时，应遵守国家、行业及地方标准的规定，满足施工图以及施工组织设计、施工专项方案的要求。

6.4.1　技术准备

1　水泥基渗透结晶型防水材料的施工应由有资质的专业防水队伍进行施工，作业人员应持证上岗。

2　施工前应会审设计图纸，依据施工技术要求、工期要求，结合现场等具体情况编制相应的施工方案，并对施工人员进行技术交底。

3　材料需经有产品合格证并复验合格；水泥基渗透结晶型防水涂料配合比、各项指标、试验方法应满足设计及相关标准的规定。

4　施工单位应建立各道工序的自检、交接检和专职人员检验的"三检"制度，确定质量检验程序，并有完整的检查记录。

5　做好安全、文明施工、职业健康、成品保护等交底，明确成品保护措施及施工安全、文明施工注意事项。

6 掌握天气预报资料。

6.4.2 材料准备及进场验收

所有材料应有产品合格证、出厂检测报告和进场有见证复验报告。

1 水泥：宜用不低于32.5级的硅酸盐水泥、普通硅酸盐水泥、特种水泥或按设计要求选用。

2 砂宜选用中砂，含泥量不应大于1%，硫化物和硫酸盐含量不得大于1%。

3 拌和用水应采用不含有害物质的洁净水，宜采用一般自来水或可饮用的天然水。

4 进场的水泥基渗透结晶型防水涂料满足表6.4.2要求，应按照规范规定，在建设单位或监理的见证下抽样送检，试验方法按现行国家标准《水泥基渗透结晶型防水材料》GB 18445执行；所检验项目中全部指标达到标准规定时，即为合格。不合格的材料不得在工程中使用。

水泥基渗透结晶型防水涂料主要性能指标　　　　　　表6.4.2

试验项目		性能指标
含水率（%）		≤1.5
28d抗折强度（MPa）		≥2.8
28d抗压强度（MPa）		≥15.0
28d湿基面粘结强度（MPa）		≥1.0
28d砂浆抗渗性能	基准砂浆（MPa）	$0.4^{+0.0}_{-0.1}$
	带涂层的砂浆（MPa）	≥1.0
	抗渗压力比（带涂层,%）	≥250
	去除涂层的砂浆（MPa）	≥0.7
	抗渗压力比（去除涂层,%）	≥175
28d混凝土抗渗性能	基准混凝土（MPa）	$0.4^{+0.0}_{-0.1}$
	带涂层混凝土（MPa）	≥1.0
	渗透压力比（带涂层,%）	≥250
	去除涂层混凝土（MPa）	≥0.7

5 水泥基渗透结晶型防水涂料现场抽样复检外观质量检验：均匀、无结块。

6 检验批及抽样规定：

（1）同一类别的产品每50t为一批，不足50t按一批抽样；

（2）每批次随机抽取 1 组样品，每组至少 10kg，干燥贮存。

7 进场复验项目：抗压强度、抗折强度、粘结强度、砂浆 28d 抗渗性能。

8 进场的水泥基渗透结晶型防水涂料应做好标识，标明名称规格、生产厂家、执行标准号、生产日期和产品有效期，分类存放。

6.4.3 施工机具准备

高压吹风机、高压水枪、计量水和材料量具、低速电动搅拌机、打磨机、压辊、小提桶、调料刀、专用尼龙刷、半硬棕刷、钢卷尺、喷壶、钢丝刷、漆刷、油灰刀、刮刀、斜面刮刀、托板、涂料盘、凿子、锤子、小提桶、刮杆、扫帚、抹布、胶皮手套等。

6.4.4 工艺流程

基层清理、修整基面→喷水湿润基层→涂刷水泥基渗透结晶型防水涂料→喷雾状水湿润养护→验收。

6.4.5 现场条件准备

1 水泥基渗透结晶型防水涂料施工前，主体结构分部工程应经过各方共同验收，办理完隐蔽验收、预检手续。未经监理人员（或业主代表）检查验收，不得进行下一道工序的施工。

2 设备管道及套管、变形缝、后浇带、预埋件等已安装完毕并经检查验收合格。

3 基面应平整、牢固、洁净，基层表面不得有空鼓、开裂、松动、起砂、脱皮和疏松现象，浮灰、表面油污、隔离剂、污垢等已清理。

4 过于光滑的混凝土表面应打毛处理，并用高压水枪冲洗干净，以利于水泥基渗透结晶型防水材料的渗透和结晶体的形成。

5 结构表面缺陷裂缝、蜂窝、麻面均应修凿、清理，用高压水枪将所有疏松结构冲掉，露出坚实的混凝土基层。混凝土墙、柱、梁等表面突出部分剔平，管线槽须修平，用水泥基渗透结晶型防水材料填补、压实。

6 用水充分润湿处理混凝土基层，达到湿润、润透。

7 施工现场设备和机具、电源、电器设备的使用、高空作业等安全要求，须按照国家和地方现行相关标准执行。

8 在 5～30℃气温的晴朗天气下施工，不得在雨天、雪天和五级风及其以上时施工。

9 地下室防水施工期间必须做好降水和排水工作，地下水位应降至垫层底以下不少于 500mm 处，直至施工完毕。

6.4.6 水泥基渗透结晶型防水涂料施工

1 将按产品说明书提供的配合比计量好的水泥基渗透结晶型防水涂料和水倒入容器内,用手持低速电动搅拌器搅拌 3~5min,使料浆混合均匀。每次配制浆料不宜太多,按需备料,配好的浆料要在 20min 内用完,施工过程中应不时地搅拌混合料,避免沉淀、凝结,不得向已经混合好的料浆中另外加水。

2 水泥基渗透结晶型防水涂料施工前,应先做穿墙管道、变形缝、阴阳角等细部节点部位加强层,后进行大面积涂刷;应反复交叉均匀涂刷,使浆料与浆料之间、浆料与基层之间充分结合,不得漏刷;在阳角或凸出部位,不得涂刷过薄;在阴角及凹处部位,其涂刷不得过厚。

3 阴阳角应做成圆弧形,阴角直径宜大于 50mm,阳角直径宜大于 10mm。涂料防水层中铺贴胎体增强材料时,应使胎体层充分浸透防水涂料,同层相邻的搭接宽度应大于 100m,上下层接缝应错开 1/3 幅宽。

4 涂刷顺序应遵循"先高后低、先细部后大面、先立面后平面"的原则,以专用的刷子进行涂刷,涂刷应厚薄均匀、不漏刷、不透底。

5 涂层应通过两遍或多遍刮涂(刷涂、喷涂)达到规定量,涂膜应多遍完成,涂刷应待前遍涂层干燥成膜后进行;每遍涂刷时应交替改变涂层的涂刷方向,同层涂膜的先后搭槎宽度宜为 30~50mm。

6 同层刮涂(刷涂、喷涂)其接槎宽度宜大于 100mm,施工缝(甩槎)应注意保护,搭接缝宽度应大于 100mm,接涂前应将其甩茬表面处理干净;大面涂层与细部构造涂层间应达到均匀一致、连续、无接缝。

7 亦可用专用喷枪进行喷涂,采用喷涂工艺施工的浆料,配制后应进行试喷,其涂层应附着力好、不流坠;采用喷涂工艺施工时,喷枪的喷嘴应合理调整压力、喷嘴与基层的最佳距离,保持喷料压力平稳,喷嘴移动速度均匀,以保证水泥基渗透结晶型防水涂料能均匀喷进基层表面微孔或裂纹之中。

8 水泥基渗透结晶型防水涂料的每层厚度及总厚度应符合产品和设计要求。

9 水泥基渗透结晶型防水涂料干撒施工:

(1)在进行干撒施工前,必须按设计要求确定防水工程所需的水泥基渗透结晶型防水材料的总用量。

(2)水泥基渗透结晶型防水材料通过 30 目或 40 目筛网一次性均匀地撒布到混凝土表面,及时压实抹光。

(3)采用干撒法工艺施工时,如需先干撒水泥基渗透结晶型防水材料,应在混凝土浇筑前 30min 以内进行。

（4）如先浇筑混凝土，要提前准备好材料，应在混凝土浇筑振捣密实、未完全凝结前干撒完毕，施工时定量筛撒干粉，撒布均匀。

（5）干撒水泥基渗透结晶型防水材料后，应立即收浆压实，待其终凝后，方可进行下道工序施工。

10　水泥基渗透结晶型防水涂层表干后，应立即进行湿润养护，定时用喷雾器喷水养护，每天 3～5 次，连续养护 72h 以上，养护期间应避免积水浸泡，亦不得采用蓄水或浇水养护。

6.4.7　水泥基渗透结晶型防水涂料施工质量验收

1　涂料防水层的施工质量检验数量，应按涂层面积每 100m² 抽查 1 处，每处 10m²，且不得少于 3 处。

2　主控项目

（1）涂料防水层所用材料及配合比必须符合设计要求。

检验方法：检查出厂合格证、质量检验报告、计量措施和现场抽样试验报告。

（2）涂料防水层及其转角处、变形缝、穿墙管道等细部做法均须符合设计要求。

检验方法：观察检查和检查隐蔽工程验收记录。

3　一般项目

（1）涂料防水层的基层应牢固，基面应洁净、平整，不得有空鼓、松动、起砂和脱皮现象；基层阴阳角处应做成圆弧形。

检验方法：观察检查和检查隐蔽工程验收记录。

（2）涂料防水层应与基层粘结牢固，表面平整、涂刷均匀，不得有流淌、皱折、鼓泡、露胎体和翘边等缺陷。

检验方法：观察检查。

（3）涂料防水层的平均厚度应符合设计要求，最小厚度不得小于设计厚度的 80%。

检验方法：针测法或割取 20mm×20mm 实样用卡尺测量。

（4）侧墙涂料防水层的保护层与防水层粘结牢固，结合紧密，厚度均匀一致。

检验方法：观察检查。

6.4.8　水泥基渗透结晶型防水涂料施工注意事项

1　水泥基渗透结晶型防水材料施工前应根据设计的要求，确定材料的单位面积用量以及施工的遍数。水泥、砂、聚合物等外加剂、掺合料应按设计要求计量、配比。

2 混凝土浇筑后 24～72h 为水泥基渗透结晶型防水涂料施工最佳施工时段，新浇筑混凝土基面只需少量喷水均匀湿润；旧的混凝土基面亦应用水充分浸湿，但不得有明水。

3 水泥基渗透结晶型防水涂料施工时，不得碰撞穿墙套管、预埋件等，注意保护门窗、墙壁等成品，防止污染。

4 作业人员不得穿带钉鞋作业，做好终凝前的成品保护措施，在涂层终凝前，不得踩踏、砸碰、硬物刮划等对涂层有危害的作业；严格控制上人及上料的时间，不慎损坏涂层应及时进行修补。

5 水泥基渗透结晶型防水涂料施工后在 48h 之内应防止雨淋、暴晒、污水、霜冻或 4℃以下低温。

6 干撒的水泥基渗透结晶型防水材料不能被风吹散，防止涂层出现厚薄不匀的缺陷。水泥基渗透结晶型防水材料采用干撒法施工后，应避免水流浸泡。

7 水泥基渗透结晶型防水材料防水工程竣工后，严禁在涂层上凿孔打洞。

8 高温露天作业时，建议在早、晚或夜间进行，防止涂层过快干燥，表面起皮影响渗透。

9 水泥基渗透结晶型防水材料现场储存应有防潮、防雨和防冻措施。

6.4.9 施工安全、文明施工、职业健康保证措施

1 对全体施工人员进行安全生产培训、交底，考核合格后方可上岗，施工中坚持"班前交底，班中检查，班后总结"。

2 进入现场作业人员需正确使用安全"三宝"，必须佩戴安全帽，穿胶鞋，正确使用个人劳动保护用品，高空作业必须系好安全带；建筑物的临边洞口处必须设置安全防护栏杆及警语牌。

3 操作人员必须经过专业培训考试合格，取得有关部门颁发的操作证方可独立操作，电工、架子工等需持特殊工种操作证操作。

4 作业人员需身体健康方可进入现场施工作业，施工过程中发生恶心、头晕、过敏等，应停止作业；酒后及患有高血压、心脏病、癫痫病的人员严禁参加高空作业。

5 现场操作时，作业人员应戴手套、口罩，穿工作服，避免直接与皮肤接触。

6 操作平台搭设平稳牢固，配备防护网、栏杆或其他安全设施并验收合格，操作架上堆放的材料不得超过允许荷载。

7 施工现场设备、电器、高空作业等安全要求，必须按照现行国家和地方相关标准执行。

8 施工现场应通风良好，在通风差的地下室作业，应采取通风措施，配料场地应有安全及防火措施。

6.5 防水卷材施工技术交底

防水卷材主要包括沥青基防水卷材、合成高分子防水卷材等（自粘改性沥青防水卷材另编施工技术交底）。执行本技术交底的同时，应遵守国家、行业及地方标准的规定，满足施工图以及施工组织设计、施工专项方案的要求。

6.5.1 技术准备

1 充分了解施工图要求，编制防水工程施工方案，做好技术交底。

2 选择合格的防水工程专业施工企业，操作工人经培训合格并有上岗证。

3 明确施工部位的构造层次、施工顺序、施工工艺、质量标准和保证质量的技术措施、细部节点的处理方法。

4 执行"三检"制，确定质量目标、检验程序，做好安全、文明施工、职业健康、成品保护等交底。

6.5.2 材料要求及进场验收

防水卷材应有产品合格证书和由相应资质等级检测部门出具的性能检测报告，防水卷材的品种、规格、性能等应符合现行国家产品标准并满足设计要求，进场后应进行外观检查，合格后按规定实行有见证取样和送检，所检验项目中全部指标达到标准规定时，即为合格。若有一项指标不合格，应在受检产品中加倍取样复验，复验结果如仍不合格，则判定该产品为不合格。防水层施工前应取得防水材料复检合格报告，不合格的材料不得在工程中使用。

防水卷材需满足"5.4.4 建筑防水卷材性能指标的要求"，高聚物改性沥青防水卷材的质量应符合表5.4.4-1的要求，湿铺防水卷材及高分子防水卷材的质量应符合表5.4.4-3～表5.4.4-7的要求。

1 检验批及抽样规定：

（1）以同一生产厂的同一类型、同一规格为一检验批，大于1000卷抽5卷，每500～1000卷抽4卷，100～499卷抽3卷，100卷以下抽2卷，进行规格尺寸和外观质量检验。

（2）在外观检验合格后，从中随机抽取1卷取至少4m² 整幅宽的试样一块用于物理力学性能检测。

2 外观质量检验及进场复验项目见表 6.5.2。

外观质量检验及进场复验项目　　　　　表 6.5.2

序号	材料名称及相关标准号	外观质量检验	进场复验项目
1	弹性体改性沥青防水卷材 GB 18242-2008	断裂、孔洞、折皱、剥离、边缘不整齐、胎体露白、未浸透，撒布材料粒度、颜色、每卷卷材的接头	可溶物含量、拉力延伸率、低温柔性、耐热性、不透水性、卷材下表面涂盖层厚度
2	塑性体改性沥青防水卷材 GB 18243-2008		
3	改性沥青聚乙烯胎防水卷材 GB 18967-2003		
4	自粘聚合物改性沥青防水卷材 GB 23441-2009		可溶物含量（PY 类）、拉伸性能、撕裂强度、低温柔性、耐热性、不透水性、卷材与铝板剥离强度、持粘性、自粘沥青再剥离强度（PY 类）
5	预铺防水卷材 GB/T 23457-2017	裂纹、粘结、胎基未被浸渍、空洞、结块、气泡、缺边、裂口、每卷卷材接头	可溶物含量（PY 类）、拉伸性能、撕裂强度、低温柔度/低温弯折性、耐热度、不透水性、剥离强度、渗油性、持粘性、尺寸变化率
6	湿铺防水卷材 GB/T 35467-2017		可溶物含量（PY 类）、拉伸性能、撕裂力、耐热性、低温柔性、卷材与卷材剥离强度（无处理）、与水泥砂浆剥离强度（无处理）、渗油性、持粘性
7	高分子防水材料 第1部分：片材 GB/T 18173.1-2012	折痕、杂质、胶块、凹痕，每卷卷材的接头、边缘、裂纹、孔洞、粘连、气泡、疤痕及其他机械损伤缺陷	拉伸强度、扯断伸长率、撕裂强度、低温弯折、不透水性、复合强度（FS2）
8	高分子增强复合防水片材 GB/T 26518-2011	平整、折痕、杂质、胶块、粘连、气泡、漏洞、其他机械损伤缺陷	拉伸强度、扯断伸长率、撕裂强度、低温弯折、不透水性、复合强度
9	聚氯乙烯（PVC）防水卷材 GB 12952-2011	表面平整、边缘整齐、无裂纹、孔洞、粘结、气泡和疤痕	拉伸强度、伸长率、低温性能、不透水性、热处理尺寸变化率
10	热塑性聚烯烃（TPO）防水卷材 GB 27789-2011		拉伸性能、低温弯折性、热处理尺寸变化率、中间胎记上面树脂层厚度（P、G、GL 类）

6.5.3　施工机具准备

电动搅拌器、高压吹风机、自动热风焊接机、喷灯或火焰加热器、液化喷枪、滚动刷、长把滚刷、压辊、嵌缝枪、铁抹子、刮板、铁锹、小平铲、钢丝刷、钢卷尺、盒尺、壁纸刀、剪刀、扫帚、抹布、容器桶、线盒、小线、粉笔、灭火器材等。

6.5.4　现场条件准备

1　已办理基层验收手续。屋面平面、檐口、天沟等坡度、标高符合设计图纸要求，确保排水顺畅。

2　女儿墙、变形缝墙、天窗及垂直墙根等转角泛水处已抹成圆弧形或钝角，卷材收头处留设的凹槽尺寸正确，无遗漏；穿过屋面、剪力墙的管道、设备或预埋件等均已施工完毕。

3　基层强度满足设计要求，基层表面应平整、坚实、清洁、干燥，对当日要施工的基面进行清理，浮灰、杂物采用人工清扫或鼓风机吹净，表面的尖锐凸块应打磨剔平，局部凹陷处用聚合物水泥防水砂浆找平。

4　在卷材铺贴前，将基层表面尘土杂物清扫干净，表面残留的灰浆硬块及突出部分应清除干净，不得有空鼓、开裂、起砂和脱皮等现象。基层干燥程度满足材料性能要求，可将 $1m^2$ 的卷材平坦地干铺在找平层上，静置 3～4h 后掀开检查，如找平层覆盖部位与卷材上未见水印，即可认为基层已达到干燥。

5　卷材在运输和存储过程中要按规格型号分别直立堆放，且不超过两层；运输时要防止侧斜和横压。

6　卷材应贮存在阴凉通风处，应避免雨淋、日晒和受潮，严禁接近火源；应避免与化学介质及有机溶剂等有害物质接触，按规定做好消防措施。

7　了解天气预报资料，卷材防水宜在 5～30℃ 气温的晴朗天气下施工，严禁在雨天、雪天和五级风及以上时施工。

8　地下室防水层施工期间必须做好降水和排水工作，地下水位应降至垫层底以下不少于 500mm 处，直至施工完毕。

6.5.5　防水卷材施工

1　防水卷材施工一般应根据基层的坡度、防水卷材的种类及结构荷载的情况而定，一般来说"先高跨、后低跨；先细部构造节点、后大面；由檐向脊、由远及近"。即当有高低跨相连时，应先铺高跨，后铺低跨；当有多跨相连时，先铺远的后铺近的，以避免操作人员过多地踩踏已完工的卷材。

2　卷材大面积铺贴前，应先做好节点密封处理、附加层和排水比较集中的部位（屋面与水落口连接处、檐口、屋面转角处、斜沟、天沟、板端缝等）的处理、分格缝的空铺条处理等，然后方可铺贴大面卷材。卷材铺贴，一般由檐口向屋脊方向铺贴，坡面与立面卷材由下开始向上铺贴，使卷材按水流方向搭接。

3 铺贴防水卷材前应先对卷材进行裁剪试铺，铺贴前应排好尺寸，弹出标准线。立面或大坡面铺贴卷材时，应采用满粘法，减少短边搭接；低温施工时，立面、大坡面及搭接部位宜采用热风机加热，加热后应随即粘贴牢固。

4 防水卷材铺贴应平整、顺直、不褶皱，铺贴时应排出卷材下的空气，并应辊压粘贴牢固；铺贴的卷材应平整顺直，搭接尺寸应准确，不得扭曲、皱折；搭接缝口应采用材性相容的密封材料封严。高分子防水卷材铺贴时应松弛不拉伸，改性沥青防水卷材铺贴时应拉紧、不松弛。

5 铺贴平面与立面相连的卷材应由下向上进行，使卷材紧贴阴角，不得有空鼓和粘接不牢的现象。注意卷材不要走偏。

6 铺贴双层卷材时，上下两层和相邻两幅卷材的接缝应错开1/3～1/2幅宽，且两层卷材不得相互垂直铺贴。

7 防水卷材的接缝处应平整、顺直、不扭曲。采用专用胶粘剂或直接用胶粘带粘结、排气并粘结牢固，封口用密封胶封边，防水卷材接缝应采用搭接缝，不同品种防水卷材的搭接宽度，应符合表6.5.5的规定。

防水卷材搭接宽度 表6.5.5

卷材品种	搭接宽度（mm）
弹性体改性沥青防水卷材	100
改性沥青聚乙烯胎防水卷材	100
三元乙丙橡胶防水卷材	60（胶粘带/自粘胶/焊接）
聚氯乙烯（PVC）防水卷材、热塑性聚烯烃（TPO）防水卷材	60（有效焊接宽度不小于25） 80（有效焊接宽度10×2＋空腔宽）
聚乙烯丙纶复合防水卷材	100（粘结料）
高分子自粘胶膜防水卷材	70/80（自粘胶/胶粘带）

8 卷材防水层应先进行大面施工，后铺立面、泛水，并应粘牢，排出卷材下空气，钉压收头，用密封材料密封。

9 冷粘法铺贴卷材：

（1）基层胶粘剂可涂刷在基层或卷材底面，涂刷应均匀，不露底，不堆积，不得在同一处反复涂刷。卷材空铺、点粘、条粘时，应按规定的位置及面积涂刷胶粘剂；粘合时应充分排气、压实，经检查合格后再用密封材料封边。

（2）多组分胶粘剂必须每次称量，误差不应超过 1%，应采用机械搅拌均匀，凝胶的胶粘剂不应混入使用。根据胶粘剂的性能，应控制胶粘剂涂刷与卷材铺贴、接缝粘贴的间隔时间。

（3）铺贴卷材时不得用力拉伸卷材，应排除卷材下面空气，并辊压粘贴牢固。

（4）平面铺贴后再铺贴立面，从下而上，转角处应松弛，不得拉紧。铺贴的卷材应平整顺直，搭接尺寸准确，不得扭曲、皱折、松弛。

（5）卷材铺好后，应将搭接部位的粘合面清理干净，满涂与卷材配套的胶粘剂，并排除接缝间的空气，辊压粘贴牢固。

（6）卷材接缝口、末端收头、节点部位应用材性相容的密封材料封严。

（7）卷材搭接部位采用胶粘带粘结时，粘合面应清理干净，必要时可涂刷与卷材及胶粘带材性相容的基层胶粘剂，撕去胶粘带隔离纸后应及时粘合上层卷材，并辊压粘固。

10　热熔法铺贴卷材施工要点：

（1）火焰加热器的喷嘴距卷材的距离应适中，幅宽内加热应均匀，以卷材表面熔融至光亮黑色为度，不得过分加热卷材。厚度小于 3mm 的高聚物改性沥青防水卷材严禁采用热熔法施工。

（2）卷材表面热熔后应立即滚铺卷材，滚铺时应排除卷材下面的空气，使之平展并粘贴牢固。

（3）搭接缝部位宜以溢出热熔的高聚物改性沥青为度，溢出的高聚物改性沥青宽度以 2mm 左右并均匀顺直为宜。当接缝处的卷材有铝箔或矿物粒（片）料时，应清除干净后再进行热熔和接缝处理。

（4）铺贴卷材时应平整顺直，搭接尺寸准确，不得扭曲。

11　焊接法和机械固定法施工要点：

（1）对热塑性卷材的搭接缝宜采用单焊缝或双焊缝，焊接应严密；卷材与固定件间应热合焊接固定。

（2）焊接前，卷材应铺放平整、顺直，搭接尺寸准确，焊接缝的结合面应保持干燥、清扫干净。

（3）应先焊长边搭接缝，后焊短边搭接缝。

（4）卷材采用机械固定时，固定件应与结构层固定牢固，固定件间距应符合设计要求，并不宜大于 600mm，局部应根据使用环境与条件适当加密。距周边

800mm 范围内的卷材应满粘。

12 卷材满粘法、空铺法、条粘法、点粘法施工要点:

(1) 采用满粘法铺贴防水卷材时,每幅卷材与基层均应全面粘结。

(2) 采用空铺法铺贴防水卷材时,防水层与基层仅在周边 800mm 宽度范围满粘。其余部分与基层均不粘结。

(3) 采用条粘法铺贴防水卷材时,每幅卷材与基层粘结面不少于两条,每条宽度不少于 150mm;防水层与基层在周边 800mm 宽度范围满粘。

(4) 采用点粘法铺贴防水卷材时,每平方米防水层粘结不少于 5 个点,每点面积为 150mm×150mm;防水层与基层在周边 800mm 宽度范围满粘。

(5) 卷材的搭接口应满粘牢固,不翘边、不皱折。相邻两幅卷材的搭接缝应错开不少于 30mm,各种卷材的密封要求及其宽度应符合相关标准的规定。

(6) 卷材防水层收头应用钢钉和压条固定,并用密封材料封严。

13 卷材防水端头应粘贴牢后弹线裁齐,用金属或塑料压条钉压固定,钉距不宜大于 300mm,端头用密封材料密封。

14 端头密封检查合格后,应采用掺抗裂纤维聚合物水泥砂浆抹压保护。

6.5.6 防水卷材质量验收

1 卷材防水工程分项工程的施工质量检验批应符合下列规定:

(1) 卷材防水工程应按防水面积每 100m² 检查一处,每处 10m² 且不少于 3 处;

(2) 接缝密封防水每 50m 应检查一处,每处 5m 且不少于 3 处;

(3) 细部构造应全面进行检查。

2 主控项目

(1) 卷材防水层所使用卷材及其配套材料的品种型号应符合设计要求,卷材及其配套材料的质量和厚度应符合设计要求。

检验方法:检查产品合格证和现场抽样复验报告。

(2) 卷材防水层的搭接缝应粘(焊)结牢固,密封严密,不得有褶皱、翘边和鼓泡等缺陷;防水层的收头应与基层粘结并用压条固定,钉距应不大于 300mm,缝口封严,不得翘边。

检验方法:观察和尺量检查。

(3) 在转角处、穿管处、变形缝、天沟、檐口、水落口、泛水等细部做法均应符合设计要求。

检验方法:观察和检查隐蔽工程验收记录。

3　一般项目

（1）卷材防水层的铺贴应粘结牢固，表面平整、顺直、无鼓泡。

检验方法：观察检查。

（2）卷材铺贴方向应正确，长短边搭接尺寸应符合设计要求，搭接宽度的允许负偏差为 10mm。

检验方法：观察和尺量检查。

6.5.7　防水卷材施工注意事项

1　沥青类防水卷材多用热施工法，高分子防水卷材多用冷施工法，热风焊接法主要用于卷材与卷材的粘贴，热熔法、胶粘剂粘贴法、自粘法主要用于卷材与卷材、卷材与基层的粘贴，机械固定法、空铺法、湿铺法、预铺法主要用于卷材与基层的粘贴，防水层上有重物或基层变形较大处宜采用空铺法、条粘法、点粘法，以防基层变形引起的卷材防水层拉裂。

2　预铺防水卷材做底板防水层时，宜采用空铺或点粘固定；绑扎、焊接钢筋时应采取保护措施，不能在防水层上拖动钢筋，并应及时浇筑结构混凝土。

3　防水施工期间严禁向基坑内抛扔材料及工具；所有进入防水作业面的作业人员及各级检查验收人员不得穿钉鞋；与施工及检查验收无关的人员，不得进入未做保护的防水层操作面。

4　基层处理剂及配套材料入场后，不得再添加稀释剂及溶剂，现场施工时应即开包装即使用，不得污染非防水层作业面。

5　卷材防水甩头应加强保护，防止损坏；防水层搭接时，必须保证搭接面的有效粘接宽度，接缝要严密；后浇带部位浇筑混凝土前，对防水层应做好遮盖，浇筑混凝土前应彻底清理，发现破损应修复；穿管根部的卷材需固定好，再用与卷材相容的密封材料封涂收口。

6　已做好的防水层面严禁剔孔、凿洞，如确需剔凿时，必须按规定程序履行审批手续并制定修复方案，经批准后方可实施。

7　立面防水卷材的临时甩槎，要有防止断裂和损伤的保护措施。

8　防水卷材铺贴完成后，要及时进行隐蔽验收并做保护层。浇筑细石混凝土保护层时，底板上运送细石混凝土的行车线路要铺垫马道，手推车的铁腿根部必须用橡胶皮包裹，混凝土不能直接倒在防水层上。

6.5.8　施工安全、文明施工、职业健康保证措施

1　施工作业人员必须持证上岗并穿戴防护用品（口罩、工作服、软底鞋、鞋盖、手套、防护眼镜、安全帽等），正确佩戴防护用品。

2 患有皮肤病、眼病等，不宜参加防水卷材的施工；施工过程中，如发生恶心、头晕、过敏等，应立即停止工作。

3 涂刷有害健康的基层处理剂和胶粘剂时，应戴防毒口罩和防护眼镜等防护用品，外露皮肤应涂擦防护膏，操作时严禁用手揉擦皮肤、眼睛；操作时注意风向，防止下风向作业人员中毒和烫伤。

4 热粘法铺贴卷材时，浇油者和铺卷材者应保持一定的安全距离，根据风向错位，避免热油飞溅伤人，施工前划定安全范围，檐口下方设置警戒线，不得有人行走或停留，以防热油流下溅伤行人。

5 使用液化气喷枪及汽油喷灯，点火时，喷嘴不准对人。

6 防水工程施工区须保持通风良好，地下室通风不良时，铺贴卷材应采取通风措施，防止有机溶剂挥发，使操作人员中毒。

7 施工现场设备、电器、高空作业等安全要求，必须按照国家和地方现行相关标准执行。

8 在屋面坡度超过30％的斜面上施工，必须有牢靠的立足处，屋面周围应设置防护栏杆等安全设施。施工的作业人员须系好安全带。

9 防水卷材、辅助材料应按规定分别存放并保持安全距离，装卸溶剂（如苯、汽油等）必须按规定操作，使用容器后，容器盖须及时盖严；坚持材料领用登记制度；材料堆放处、库房、防水作业区必须配备消防器材。

10 下班清洗工具，未用完的溶剂需装入容器内，及时盖严容器。

6.6 自粘改性沥青防水卷材施工技术交底

执行自粘改性沥青防水卷材技术交底的同时，应遵守国家、行业及地方标准的规定，满足施工图以及施工组织设计、施工专项方案的要求。

6.6.1 技术准备

1 核查建筑防水工程施工的企业的专业资质证书及操作工人的上岗证书，无上岗证的工人不得上岗操作。

2 进行施工图纸及施工方案的技术交底，明确施工部位的构造层次、施工工艺、施工顺序、质量标准和质量保证措施，了解细部节点的附加加强层施工方法及大面卷材的铺贴方法和施工范围。

3 明确质量标准，质量要求及检验程序、检验内容、检验方法，准备好相应的技术资料表格。

4 明确成品保护措施及施工安全注意事项，做好技术交底，做好安全、文明施工、职业健康、成品保护等交底。

6.6.2 材料要求及进场验收

自粘改性沥青防水卷材须有出厂质量合格证，有相应资质等级检测部门出具的检测报告、产品性能和使用说明书；进场后应进行外观检查，合格后按规定取样复试，并实行有见证取样和送检（表6.6.2）。

自粘改性沥青防水卷材主要性能指标　　　　表6.6.2

项目		性能指标						
		无胎体（N类）					聚酯胎（PY类）	
		聚乙烯膜PE		聚酯膜PET		无膜双面自粘D		
		I	II	I	II		I	II
可溶物含量（g/m²）	2mm						≥1300	—
	3mm	—					≥2100	
	4mm						≥2900	
拉力（N/50mm）	2mm						≥350	
	3mm	≥150	≥200	≥150	≥200	—	≥450	≥600
	4mm						≥450	≥800
沥青断裂延伸率（%）		≥250		≥150		≥450	—	
最大拉力时延伸率（%）		—					≥30	≥40
耐热性		70℃，滑动不超过2mm					70℃，无滑动、无流淌、无滴落	
低温柔性（℃）		−20	−30	−20	−30	−20	−20	−30
		无裂纹					无裂纹	
不透水性		0.2MPa，120min，不透水				—	0.3MPa，120min，不透水	
持粘性（min）		≥20					≥15	
卷材与卷材剥离强度（N/mm）		≥1.0					≥1.0	
卷材与铝板剥离强度（N/mm）		≥1.5					≥1.5	

1 自粘改性沥青防水卷材检验批及抽样规定：

（1）以同一生产厂的同一类型、同一规格为一检验批，大于1000卷抽5卷，每500～1000卷抽4卷，100～499卷抽3卷，100卷以下抽2卷，进行规格尺寸和外观质量检验。

（2）在外观检验合格后，从中随机抽取1卷取至少4m²整幅宽的试样一块用于物理力学性能检测。

2 外观质量检验及进场复验项目：

(1) 外观质量检验：断裂、孔洞、折皱、剥离、边缘不整齐，胎体露白、未浸透，撒布材料粒度、颜色、每卷卷材的接头。

(2) 进场复验项目：可溶物含量（PY类）、拉伸性能、撕裂强度、低温柔性、耐热性、不透水性、卷材与铝板剥离强度、持粘性、自粘沥青再剥离强度（PY类）。

6.6.3 施工机具准备

高压吹风机、滚动刷、嵌缝枪、铁抹子、铁锹、小平铲、钢丝刷、毛刷、钢卷尺、弹线盒、剪刀、盒尺、壁纸刀、刮板、压辊、锤子、凿子、钳子、射钉枪、扫帚、棉丝、抹布、拖布、灭火器材等。

6.6.4 自粘改性沥青工艺流程

基层表面清理、修补→基层干燥程度检验→涂刷配套的基层处理剂→细部节点、附加增强、空铺层→定位、弹线、试铺→揭去卷材底面隔离纸→随即铺贴卷材→辗压、排气、压实→粘贴接缝口→辊压接缝、排气、压实→接缝口、末端收头、节点密封→检查、修整→组织验收→保护层施工。

6.6.5 现场条件准备

1 已办理基层验收手续。基层平面、檐口、天沟等坡度，标高符合设计图纸要求，确保排水顺畅。

2 女儿墙、变形缝墙、天窗及垂直墙根等转角泛水处已抹成圆弧形或钝角，卷材收头处留设的凹槽尺寸正确，无遗漏；穿过屋面、剪力墙的管道、设备或预埋件等均已施工完毕。

3 基层应平整牢固，基层强度满足设计要求，不得有空鼓、开裂、起砂和脱皮等现象，表面残留的灰浆硬块及突出部分应清除干净；基层表面应清洁干燥，浮尘、杂物已清除干净。

4 在卷材铺贴前基层干燥程度满足材料性能要求，可将 $1m^2$ 的卷材平坦地干铺在找平层上，静置 3～4h 后掀开检查，如找平层覆盖部位与卷材上未见水印，即可认为基层已达到干燥。

5 卷材在运输和存储过程中要直立堆放，且不超过两层；运输时要防止侧斜和横压，进场的防水卷材在现场应按规格型号分别直立整齐堆放；卷材应贮存在阴凉通风处，应避免雨淋、日晒和受潮，严禁接近火源；应避免与化学介质及有机溶剂等有害物质接触，按规定做好消防措施。

6 掌握天气预报资料，卷材防水宜在 5～30℃气温的晴朗天气下施工，严禁在雨天、雪天和五级风及以上时施工。

7 地下室防水层施工期间必须做好降水和排水工作，地下水位应降至垫层底以下不少于 500mm 处，直至施工完毕。

6.6.6 自粘改性沥青防水卷材施工

1 自粘改性沥青防水卷材铺粘前，基面清理干净验收合格后将专用的基层处理剂均匀涂刷在基层表面，涂刷时按一个方向进行，涂层厚薄均匀，不露底、不堆积、应不流挂。基层处理剂干燥后及时铺贴卷材。

2 自粘改性沥青防水卷材铺设时，先做好转角处、穿管处、变形缝、泛水、水落口、檐口、斜沟、天沟等细部卷材附加增强层后，方可铺贴大面卷材。

3 自粘改性沥青防水卷材铺贴顺序：先高跨，后低跨；同等高度，先远后近；同一立面，从高处向低处铺贴。

4 铺贴防水卷材前应先对卷材进行裁剪试铺，铺贴前应排好尺寸，弹出标准线。立面或大坡面铺贴卷材时，应采用满粘法，减少短边搭接；低温施工时，立面、大坡面及搭接部位宜采用热风机加热，加热后应随即粘贴牢固。

5 防水卷材铺贴应平整顺直，搭接尺寸准确，不得扭曲、皱折。铺贴自粘改性沥青防水卷材时，应将自粘胶底面的隔离纸完全撕净，抬铺或滚铺粘贴。自粘改性沥青防水卷材铺贴时应拉紧、不松弛。

6 卷材防水层应先进行大面施工，后铺立面、泛水，并应粘牢，铺贴时应排出卷材下的空气，并应辊压粘贴牢固。铺贴平面与立面相连的卷材应由下向上进行，使卷材紧贴阴角，不得有空鼓和粘接不牢的现象。注意卷材不要走偏。

7 铺贴双层卷材时，上下两层和相邻两幅卷材的接缝应错开1/3～1/2 幅宽，且两层卷材不得相互垂直铺贴。

8 自粘改性沥青防水卷材接缝应采用搭接缝，防水卷材搭接宽度为 80mm，搭接缝口应采用材性相容的密封材料封严。防水卷材的接缝处采用专用胶粘剂或直接用胶粘带粘结、排气并粘结牢固，封口用密封胶封边，接缝应平整、顺直、不扭曲。

9 卷材泛水端头应粘贴牢后弹线裁齐，用金属或塑料压条钉压固定，钉距不宜大于 300mm，端头用密封材料密封。

10 端头密封检查合格后，应采用掺抗裂纤维聚合物水泥砂浆抹压保护。

6.6.7 自粘改性沥青防水卷材质量验收

1 卷材防水工程分项工程的施工质量检验批应符合下列规定：

（1）卷材防水工程应按防水面积每 100m² 检查一处，每处 10m² 且不少于3处；

（2）接缝密封防水每 50m 应检查一处，每处 5m 且不少于 3 处；

（3）细部构造应全面进行检查。

2 主控项目

（1）卷材防水层所使用卷材及其配套材料的品种型号应符合设计要求，卷材及其配套材料的质量和厚度应符合设计要求。

检验方法：检查产品合格证和现场抽样复验报告。

（2）卷材防水层的搭接缝应粘（焊）结牢固，密封严密，不得有褶皱、翘边和鼓泡等缺陷；防水层的收头应与基层粘结并用压条固定，钉距应不大于300mm，缝口封严，不得翘边。

检验方法：观察和尺量检查。

（3）在转角处、穿管处、变形缝、天沟、檐口、水落口、泛水等细部做法均应符合设计要求。

检验方法：观察和检查隐蔽工程验收记录。

3 一般项目

（1）卷材防水层的铺贴应粘结牢固，表面平整、顺直、无鼓泡。

检验方法：观察检查。

（2）卷材铺贴方向应正确，长短边搭接尺寸应符合设计要求，搭接宽度的允许负偏差为 10mm。

检验方法：观察和尺量检查。

6.6.8 自粘改性沥青防水卷材施工注意事项

1 涂刷基层处理剂，要求薄厚均匀一致，穿墙管道周边、阴阳角等细部不易滚刷的部位，要用毛刷蘸基层处理剂认真涂刷，不得漏刷。

2 已做好的防水层面严禁剔孔、凿洞，如确需剔凿时，必须按规定程序履行审批手续并制定修复方案，经批准后方可实施。

3 防水卷材铺贴完成后，要及时隐蔽验收并做好保护层。

4 防水卷材、辅助材料应按规定分别存放并保持安全距离，设专人管理，坚持领用登记制度。

5 自粘法施工的环境气温不宜低于 5℃。施工过程中下雨或下雪时，应做好已铺卷材的防护工作。

6.6.9 施工安全、文明施工、职业健康保证措施

1　加强对作业人员的安全、文明施工、职业健康培训及教育，增强职工自我保护意识。

2　强化安全生产工作领导，建立安全生产责任制，操作工人应持证上岗，并进行安全技术交底，操作中应严格执行劳动保护制度。

3　患有皮肤病、眼病、刺激过敏者，不宜参加卷材防水的操作工作；施工过程中，如发生恶心、头晕、过敏等，应立即停止工作，并到通风凉爽的地方休息，或请医生诊治。

4　施工作业人员必须穿戴防护用品（口罩、工作服、工作鞋、手套、防护眼镜、安全帽等），外露皮肤应涂擦防护膏。

5　防水作业区必须保持通风良好，地下室通风不良时应做好通风措施。

6　施工现场设备、电器、高空作业等安全要求，必须按照国家和地方现行相关标准执行。

7　在屋面坡度超过30%的斜面上施工，必须有牢靠的立足处，屋面周围应设置防护栏杆等安全设施。施工的作业人员须系好安全带。

8　铺贴卷材应避免在高温烈日下施工，雨、雪、霜天、刮大风时应停止施工。

6.7　聚氨酯防水涂料施工技术交底

执行本技术交底的同时，应遵守国家、行业及地方标准的规定，满足施工图以及施工组织设计、施工专项方案的要求。

6.7.1　技术准备

1　核查建筑防水工程施工的企业防水专业施工资质证书，防水工程施工作业人员应经过专业培训，并持有政府主管部门颁发的防水专业施工上岗证。

2　进行相关规范、施工图纸学习培训，施工前编制聚氨酯防水涂料专项施工方案，并根据专项施工方案，做好技术交底，做好安全、文明施工、职业健康、成品保护等交底。

3　明确施工部位的构造层次、施工顺序、施工工艺、质量标准和保证质量的技术措施、细部节点的处理方法。

4　确定质量目标、检验程序和项目，以及施工记录的内容要求。

6.7.2　材料要求及进场验收

聚氨酯防水涂料性能指标应符合现行国家及行业标准的规定，应有明确标志、产品执行标准；进场时应提供产品合格证和说明书、出厂检测报告（表6.7.2）。

聚氨酯防水涂料主要性能指标　　　　　　表 6. 7. 2

项目	聚氨酯防水涂料
固体含量（%）	单组分≥85.0
	多组分≥92.0
表干时间	≤12h
实干时间	≤24h
拉伸强度（MPa）	≥2.00
断裂伸长率（%）	≥500
撕裂强度（N/mm）	≥15
低温弯折性（℃）	−35，无裂纹
不透水性	0.3MPa，120min，不透水
加热伸缩率（%）	−4.0～+1.0
粘结强度（MPa）	≥1.0
耐水性（%）	≥80

进场的聚氨酯防水涂料应按照规范规定，在建设单位或监理的见证下抽样送检。所检验项目中全部指标达到标准规定时，即为合格。不合格的材料不得在工程中使用。

1　检验批及抽样规定。

（1）以同厂家、同类型产品 15t 为一检验批，不足 15t 亦按一检验批（多组分产品按组分配套组检验批）。

（2）每检验批次随机抽取 1 组样品（取之两个包装），每组至少 5kg，多组分产品按配比分别取样，抽样前产品应搅拌均匀。

2　外观质量检验：均匀黏稠体，无黏胶、结块。

3　进场复验项目：固体含量、表干时间、实干时间、拉伸强度和断裂伸长率、撕裂强度、低温柔性、不透水性。

4　进场的聚氨酯防水涂料包装容器应密封，容器表面应标明涂料名称、生产厂家、执行标准号、生产日期和产品有效期；并应分类存放在干燥、通风的仓库内。

6.7.3　施工机具准备

电动搅拌器、高压吹风机、磅秤、拌料桶、钢卷尺、滚动刷、油漆刷、铁抹子、橡胶刮板、铁锹、小平铲、钢丝刷、扫帚、抹布、灭火器。

6.7.4　聚氨酯防水涂料工艺流程

基层清理→基层干燥程度检验→找平层分格缝密封→细部节点、附加增强层处理→涂料计量→搅拌→第一遍涂刷→铺胎体增强材料→重复涂刷涂料→涂料干燥成膜后→第二遍重复涂刷→多遍涂刷→检查→修整→验收→保护层施工。

6.7.5　现场条件准备

1　已办理基层验收手续。基层平面、檐口、天沟等坡度，标高符合设计图纸要求，确保排水顺畅。

2　女儿墙、变形缝墙、天窗及垂直墙根等转角泛水处已抹成圆弧形或钝角，埋设件尺寸正确，无遗漏；穿过屋面、剪力墙的管道、设备或预埋件等均已施工完毕。

3　基层应平整牢固、清洁干燥，基层强度满足设计要求，将基层表面浮尘杂物清扫干净，表面残留的灰浆硬块及突出部分应清除干净，不得有空鼓、开裂、起砂和脱皮等现象。

4　基层干燥程度满足材料性能要求，可将 1m² 的卷材平坦地干铺在找平层上，静置 3～4h 后掀开检查，如找平层覆盖部位与卷材上未见水印，即可认为基层已达到干燥。

5　防水涂料包装容器应密封，容器表面应标明涂料名称、生产厂家、执行标准号、生产日期和产品有效期，并应分类存放在干燥、通风的仓库内。

6　掌握天气预报资料，防水工程宜在 5～30℃气温的晴朗天气下施工，严禁在雨天、雪天和五级风及其以上时施工。

7　地下防水混凝土工程施工期间必须做好降水和排水工作。

6.7.6　聚氨酯防水涂料施工

1　防水涂料的配制应按涂料的技术要求进行。双组分或多组分防水涂料应按配合比准确计量，应采用电动机具搅拌均匀。

2　聚氨酯防水涂料施工应在基面清理干净验收合格后将专用的基层处理剂均匀涂刷在基层表面，涂刷时按一个方向进行，涂层厚薄均匀，不露底、不堆积、应不流挂。基层处理剂干燥后及时涂刷防水涂料。

3　涂膜施工应先做好节点处理，地面、屋面、墙面的管根、地漏、排水口、天沟、檐口、泛水、阴阳角、变形缝等细部薄弱环节，应先铺设一层带有胎体增强材料的附加层，然后再进行大面积涂布。

4　防水涂料应多遍均匀涂布，涂膜厚度应均匀，且表面平整，涂膜防水层的厚度应符合设计与规范要求。

5　防水涂料应采用刮涂施工，应分遍涂布，涂层应均匀，不得漏涂；接槎宽度不应小于 100mm。待先涂布的涂料干燥成膜后，方可涂布后一遍涂料，前后两遍涂料的涂布方向应相互垂直。

6　转角及立面的涂膜应薄涂多遍，不得有流淌和堆积现象。涂膜收头应用防水涂料多遍涂刷或密封材料封严。

7 对易开裂、渗水的部位，基层应留分格缝嵌填密封材料，并增设一层或多层带有胎体增强材料的附加涂膜防水层。涂膜防水层应沿找平层分格缝增设带有胎体增强材料的空铺附加层，其宽度宜为100mm。

8 涂膜间夹铺胎体增强材料时，宜边涂布边铺胎体；胎体应铺贴平整，应排出气泡，并应与涂料粘结牢固。在胎体上涂布涂料时，应使涂料浸透胎体，并应覆盖完全，不得有胎体外露现象。最上面的涂膜厚度不应小于1.0mm。

9 涂膜的端头应多遍涂刷，每遍退涂20～30mm，端头密封检查合格后，应采用掺抗裂纤维聚合物水泥砂浆抹压保护。

10 胎体增强材料应符合下列规定：

(1) 胎体增强材料宜采用聚酯无纺布或化纤无纺布。

(2) 胎体增强材料长边搭接宽度不应小于50mm，短边搭接宽度不应小于70mm。

(3) 上下层胎体增强材料的长边搭接缝应错开，且不得小于幅宽的1/3。

(4) 上下层胎体增强材料不得相互垂直铺设。

6.7.7 聚氨酯防水涂料质量验收

1 聚氨酯防水涂料防水工程分项工程的施工质量检验批应符合下列规定：

(1) 聚氨酯防水涂料防水工程应按防水面积每100m² 检查一处，每处10m²且不少于3处；

(2) 接缝密封防水每50m应检查一处，每处5m且不少于3处；

(3) 细部构造应全面进行检查。

2 主控项目

(1) 聚氨酯防水涂料防水层所用涂料的品种型号、质量应符合设计要求。

检验方法：检查产品合格证和现场抽样复验报告。

(2) 聚氨酯防水涂料防水层的平均厚度应符合设计要求，最小厚度不得小于设计厚度的95%。

检验方法：针测法或取样量测或按总用量和总涂刷面积计算复核。

(3) 聚氨酯防水涂料防水层在转角处、穿管处、变形缝、天沟、檐口、水落口、泛水等细部做法均应符合设计要求。

检验方法：观察和检查隐蔽工程验收记录。

3 一般项目

(1) 聚氨酯防水涂料防水层与基层应粘结牢固，表面平整，涂刷均匀，不流淌、不露底、不分层、不堆积，无气泡、孔洞、褶皱等缺陷。

检验方法：观察检查。

（2）需铺设胎体增强材料时，铺设方向正确，搭接宽度应符合设计要求。

检验方法：观察和检查隐蔽工程验收记录。

6.7.8　聚氨酯防水涂料施工注意事项

1　已配制的涂料应按产品说明要求的时间内及时使用。配料时，可加入适量的缓凝剂或促凝剂调节固化时间，但不得混合已固化的涂料。

2　施工过程中需要保护好涂膜防水层，涂膜防水层未固化前不得上人或放置工具材料等。

3　施工时应注意防火，施工人员应采取防护措施，施工现场要求通风良好，以防溶剂中毒。

4　涂料防水层严禁在雨天、雾天、五级及以上大风时施工，不得在施工环境温度低于5℃及高于35℃或烈日暴晒时施工。涂膜固化前如有降雨可能时，应及时做好已完涂层的保护工作。

6.7.9　施工安全、文明施工、职业健康保证措施

1　正确使用安全"三宝"，进入施工现场必须佩戴安全帽，正确佩戴使用个人劳动保护用品，高空作业必须系好安全带；建筑物的临边洞口处必须设置安全防护栏杆及警示牌。

2　职工需加强自我保护意识，凡不符合高处作业要求的人员一律禁止高处作业，严禁酒后高处作业。

3　患有皮肤病、眼病、刺激过敏者，不宜参与涂料防水操作；施工过程中，如发生恶心、头晕、过敏等，应立即停止工作，并到通风凉爽的地方休息，或请医生诊治。

4　操作工人应穿软底鞋、长衣、长裤，裤脚、袖口应扎紧，并应佩戴手套、护脚、口罩，外露皮肤应涂擦防护膏。

5　涂刷基层处理剂时，应戴口罩和防护眼镜，并注意风向。

6　施工现场设备、电器、高空作业等安全要求，必须按照国家和地方现行相关标准执行。

7　在屋面坡度超过30%的斜面上施工，必须有牢靠的立足处，在接近檐口的地方应一律使用安全带，屋面周围应设置防护栏杆等安全设施。

8　设专人了解气象信息，及时做好预报，并采取相应防患大风、大雨措施。防水工程应避免在高温、烈日下施工，雨、雪、霜天、刮大风时应停止施工。

6.8 聚合物水泥防水涂料施工技术交底

执行本技术交底的同时，应遵守国家、行业及地方标准的规定，满足施工图以及施工组织设计、施工专项方案的要求。

6.8.1 技术准备

1 核查建筑防水工程施工企业的防水专业施工资质证书，防水工程施工作业人员应经过专业培训，并持有政府主管部门颁发的防水专业上岗证。

2 进行相关规范、施工图纸学习培训，施工前编制聚合物水泥防水涂料专项施工方案，并根据专项施工方案，做好技术交底，做好安全、文明施工、职业健康、成品保护等交底。

3 明确施工部位的构造层次、施工顺序、施工工艺、质量标准和保证质量的技术措施、细部节点的处理方法。

4 确定质量目标、检验程序和项目，以及施工记录的内容要求。

6.8.2 材料要求及进场验收

聚合物水泥防水涂料性能指标应符合现行国家或行业标准的规定，应有明确标志、产品执行标准；进场时应提供产品合格证和说明书、出厂检测报告（表6.8.2）。

合成高分子防水涂料（挥发固化型）主要性能指标　　　表6.8.2

项目		性能指标			
		聚合物乳液防水涂料	聚合物水泥防水涂料		
			Ⅰ型	Ⅱ型	Ⅲ型
固体含量（%）		≥65	≥70		
表干时间（h）		≤4	≤4	≤4	≤4
实干时间（h）		≤8	≤8	≤8	≤8
拉伸强度	无处理（MPa）	≥1.0	≥1.2	≥1.8	≥1.8
	浸水处理后保持率（%）	—	≥60%	≥70%	≥70%
断裂伸长率	无处理（%）	≥300	≥200	≥80	≥30
	浸水处理（%）	—	≥150	≥65	≥20
低温柔性		−10℃，无裂纹	−10℃，无裂纹	—	—
不透水性		0.3MPa，30min 不透水			
粘结强度	无处理（MPa）	—	≥0.50	≥1.0	≥1.0
	浸水处理（MPa）	—	≥0.50	≥1.0	≥1.0
抗渗性（背水面，MPa）		—	—	≥0.6	≥0.8
耐水性（%）		—	—	≥80	≥80

进场的聚合物水泥防水涂料应按照规范规定，在建设单位或监理的见证下抽样送检。所检验项目中全部指标达到标准规定时，即为合格。不合格的材料不得在工程中使用。

1　检验批及抽样规定。

（1）同一类型的 10t 产品为一批，不足 10t 也作为一批；

（2）每批次随机抽取 1 组样品，每组至少 8kg，双组分产品按配比分别取样，抽样前对液态组分产品应搅拌均匀。

2　外观质量检验：液体无杂质、无凝胶均匀乳液，固体无杂质、无结块粉末。

3　进场复验项目：固体含量、拉伸强度和断裂伸长率（无处理）、粘结强度（无处理）、低温柔性（Ⅰ型）、不透水性（Ⅰ型）、抗渗性（Ⅱ型、Ⅲ型）。

4　进场的聚合物水泥防水涂料包装容器应密封，容器表面应标明涂料名称、生产厂家、执行标准号、生产日期和产品有效期；并应分类存放在干燥、通风的仓库内。

6.8.3　施工机具准备

高压吹风机、电动搅拌器、台秤、水桶、称料桶、拌料桶、橡胶刮板、铁皮刮板、油漆刷、滚动刷、小平铲、钢丝刷、小抹子、锤子、凿子、拖把、扫帚、手提式干粉灭火器等。

6.8.4　聚合物水泥防水涂料工艺流程

基层清理→节点附加增强层处理→涂料配置及搅拌→涂布基层处理剂→第一遍涂刷→铺胎体增强材料→重复涂刷涂料→涂料干燥成膜后→第二遍重复涂刷→多遍涂刷→检查→修整→蓄水试验→验收→保护层施工。

6.8.5　现场条件准备

1　已办理交接验收手续。基层平面、檐口、天沟等坡度，标高符合设计图纸要求，确保排水顺畅。

2　女儿墙、变形缝墙、天窗及垂直墙根等转角泛水处已抹成圆弧形或钝角，埋设件尺寸正确，无遗漏；穿过屋面、剪力墙的管道、设备或预埋件等均已施工完毕。

3　基层应平整牢固，基层强度满足设计要求，基层表面的气孔、凹凸不平、蜂窝、缝隙、起砂等现象应修补处理，表面的尖锐凸块应打磨剔平，局部凹陷处用聚合物水泥防水砂浆找平。基面必须干净，无浮浆、无明水、不渗水。

4　基层起砂可先涂一遍稀的聚合物水泥防水涂料，局部需维修的基面应将原损坏的涂层清除掉（沿裂缝两侧不小于50mm的范围），然后将裂缝剔凿扩宽清理干净，在裂缝处涂一层抗裂胶，渗漏处先进行堵漏处理。

5 聚合物水泥防水涂料应储存在干燥、通风、阴凉的场所，储存时间不得超过6个月，液体组分储存温度不宜低于5℃。

6 掌握天气预报资料，防水层宜在5～30℃气温的晴朗天气下施工，严禁在雨天、雪天和五级风及其以上时施工。

7 地下防水混凝土工程施工期间必须做好降水和排水工作。

6.8.6 聚合物水泥防水涂料施工

1 聚合物水泥防水涂料可以在潮湿或干燥的基层上施工，基层应干净、无明水。

2 防水涂料的配制应按涂料的技术要求进行，双组分涂料配制前，应将液体组分搅拌均匀，配料应计量准确，按照规定要求进行，不得任意改变配合比；机械搅拌至均匀，配制好的涂料应色泽均匀，无粉团、沉淀、分层现象。

3 聚合物水泥防水涂料施工应基面清理干净，验收合格后将专用的基层处理剂均匀涂刷在基层表面，基层处理剂干燥后及时涂刷防水涂料。

4 涂膜施工应先做好节点处理，地面、屋面、墙面的管根、地漏、排水口、阴阳角、变形缝等细部薄弱环节，应先做一层铺设带有胎体增强材料的附加层，然后再进行大面积涂布。

5 用滚子蘸料时，应先在料桶底部滚动并上下搅拌，不能有局部沉淀。

6 聚合物水泥防水涂料涂刷时要均匀，应分遍涂布，不得漏涂，涂膜宜多遍完成，待先涂布的涂料干燥成膜后，方可涂布后一遍涂料。每层涂料厚度以0.5～0.7mm为宜，挥发性涂料的每遍用量每平方米不宜大于0.6kg。

7 每遍涂布应交替改变涂层的涂布方向，亦即前后两遍涂料的涂布方向应相互垂直。同一涂层涂布时，先后接茬宽带宜为30～50mm。涂膜防水层的甩茬部位不得污损，接茬宽度不应小于100mm。

8 转角及立面的涂膜应薄涂多遍，涂料涂刷时，涂层应不流挂、不堆积、不露底，厚度均匀。涂层厚度按用量控制，干燥成膜后应现场取样测量，达到要求后方可进行下一道工序施工。

9 胎体增强材料应铺贴平整，不得有褶皱和胎体外露，胎体层充分浸透防水涂料；胎体的搭接宽度不应小于50mm。胎体的底层和面层涂膜厚度均不应小于0.5mm。

10 涂膜收头应用防水涂料多遍涂刷或用密封材料封严。

　　11　聚合物水泥防水涂料防水层应先进行立面、泛水施工，后进行大面积施工。施工完毕后喷水养护时间不少于 7d。

　　12　端头密封检查合格后，应采用掺抗裂纤维聚合物水泥砂浆抹压保护。

　　13　涂膜防水层完工并经检验合格后，应及时做好保护层或饰面层。

　　14　聚合物水泥防水涂料胎体增强材料应符合下列规定：

　　(1) 胎体增强材料宜采用聚酯无纺布或化纤无纺布。

　　(2) 胎体增强材料长边搭接宽度不应小于 50mm，短边搭接宽度不应小于 70mm。

　　(3) 上下层胎体增强材料的长边搭接缝应错开，且不得小于幅宽的 1/3。

　　(4) 上下层胎体增强材料不得相互垂直铺设。

6.8.7　聚合物水泥防水涂料质量验收

　　1　聚合物水泥防水涂料防水工程分项工程的施工质量检验批应符合下列规定：

　　(1) 聚合物水泥防水涂料防水工程应按防水面积每 100m² 检查一处，每处 10m² 且不少于 3 处；

　　(2) 接缝密封防水每 50m 应检查一处，每处 5m 且不少于 3 处；

　　(3) 细部构造应全面进行检查。

　　2　主控项目

　　(1) 聚合物水泥防水涂料防水层所用涂料的品种型号、质量应符合设计要求。

　　检验方法：检查产品合格证和现场抽样复验报告。

　　(2) 聚合物水泥防水涂料防水层的平均厚度应符合设计要求，最小厚度不得小于设计厚度的 95%。

　　检验方法：针测法或取样量测或按总用量和总涂刷面积计算复核。

　　(3) 聚合物水泥防水涂料防水层在转角处、穿管处、变形缝、天沟、檐口、水落口、泛水等细部做法均应符合设计要求。

　　检验方法：观察和检查隐蔽工程验收记录

　　3　一般项目

　　(1) 聚合物水泥防水涂料防水层与基层应粘结牢固，表面平整，涂刷均匀，不流淌、不露底、不分层、不堆积，无气泡、孔洞、褶皱等缺陷。

　　检验方法：观察检查。

　　(2) 需铺设胎体增强材料时，铺设方向正确，搭接宽度应符合设计要求。

检验方法：观察和检查隐蔽工程验收记录。

6.8.8 聚合物水泥防水涂料施工注意事项

1 配好的涂料在使用时应随时搅拌均匀，以免沉淀。

2 涂层尽量均匀，不能局部沉淀，涂刷时需保证涂料与基层之间不留气泡，粘接严实。

3 每层涂覆必须按规定用量取料，切不能过厚或过薄，若最后防水层厚度不够，可加涂一层。

4 防水涂料施工不宜在特别潮湿又不通风的环境中施工，否则影响成膜。

5 聚合物水泥防水涂料防水层严禁在雨天、雾天、五级及以上大风时施工，不得在施工环境温度低于5℃及高于35℃或烈日暴晒时施工。涂膜固化前如有降雨可能时，应及时做好已完涂层的保护工作。

6.8.9 施工安全、文明施工、职业健康保证措施

1 严格执行劳动保护制度，进入施工现场必须戴好安全帽，系好下颌带，高处作业要有可靠的安全防护措施，系好安全带，正确佩戴使用个人劳动保护用品。

2 作业人员必须熟知本工种的安全操作规程和施工现场的安全生产制度，发现安全隐患及时汇报，对违章作业的指令有权拒绝；施工现场的各种安全设施、设备、安全标志和警示牌等，未经批准不得拆除和随意挪动。

3 患有皮肤病、眼病、刺激过敏者，不宜参加涂料防水的操作；施工过程中，如发生恶心、头晕、过敏等，应立即停止工作，并到通风凉爽的地方休息，或请医生诊治。

4 操作工人应穿软底鞋、长衣、长裤，裤脚、袖口应扎紧，并应配戴手套、护脚、口罩，外露皮肤应涂擦防护膏。

5 涂料施工时，应戴口罩和防护眼镜，并应注意风向；防水作业区必须保持通风良好，地下室通风不良时，应采取通风措施。

6 屋面周围应设置防护栏杆，高空作业必须系好安全带；建筑物的临边洞口处必须设置安全防护栏杆及警示牌。

7 施工现场设备、电器、高空作业等安全要求，必须按照国家和地方现行相关标准执行。

8 防水层施工应避免在高温烈日下施工，雨、雪、霜天，刮大风时应停止施工。

9 工地应采取适当的防暑降温措施。

6.9 非固化橡胶沥青涂料与卷材复合防水施工技术交底

非固化橡胶沥青防水涂料是一种非固化、不成膜的蠕变性材料。在其使用寿命期内，始终保持蠕变性、自愈性、压敏性和粘结性。非固化橡胶沥青防水涂料与防水卷材的复合使用，可以与基层始终保持粘附性，不剥离，不会产生界面窜水现象，防水层的机械破损可自行修复，维持完整的防水体系；同时不会将基层变形产生的应力传递给卷材，从而有效避免卷材因结构沉降变形所产生的高应力变形状态下的老化和破损。有效延长防水层的使用寿命。

材料对基层的适应性强，非固化橡胶沥青防水涂料可适应基层伸缩、开裂、沉降等造成的变形，可吸收来自基层的应力，有效保护防水层不受破坏，且主动有效地封闭基层的微细裂缝，可与多种基材粘结。

非固化橡胶沥青防水涂料施工方法简便且多样性，节省工期，成型质量可靠，既可人工刮抹施工，也可机械喷涂；可一次达到需要的防水层厚度，无需对防水涂料层进行养护处理，方便进行下道工序施工，大大缩短了防水施工工期；机械喷涂，厚度均匀，成型质量佳，防水效果好。

非固化橡胶沥青防水涂料自愈性、粘结性能卓越，防水寿命长，材料本身的蠕变性能自行修复在外力作用下造成的破损，材料自身的内聚强度高，能与基层形成连续、整体密闭真正皮肤式的防水层，延长了防水寿命。耐候性、耐高低温性强，与空气长期接触也不固化，性能不变；适应高温和低温条件下施工，在环境温度－20～40℃范围内均可施工；耐腐蚀、耐久性强，不易燃、无毒、无味、无污染，安全环保。

非固化橡胶沥青防水涂料复合防水层适用范围：自粘聚合物改性沥青防水卷材、SBS弹性体改性沥青防水卷材、耐根穿刺改性沥青防水卷材、自粘耐根穿刺改性沥青防水卷材与非固化橡胶沥青防水涂料复合，宜用于地下室底板、顶板或屋面等平面部位。

执行本技术交底的同时，应遵守国家、行业及地方标准的规定，满足施工图以及施工组织设计、施工专项方案的要求。

6.9.1 技术准备

1 防水工程施工应由有资质的防水专业队伍施工，关键岗位操作人员必须持证上岗，并经过专门加热或喷涂培训后，才能进行操作。

2 防水工程施工前应对图纸进行会审，施工前编制复合防水层专项施工方案，并经审批后方可实施，实施前应向操作人员进行安全、技术交底。

3　了解施工部位构造层次、施工顺序、施工工艺、质量标准和保证质量的技术措施、掌握细部构造及关键技术要求和细部节点的处理方法，确定质量检验程序和检查制度。

4　防水材料及主要辅料的各项性能指标应符合国家相关标准的规定。进入施工现场后，应有见证抽样复验，复验合格后才能使用。

6.9.2　材料要求及进场验收

非固化橡胶沥青防水涂料及防水卷材的性能指标应符合现行国家或行业标准的规定，应有明确标志、产品执行标准；进场时应提供产品合格证和说明书、出厂检测报告（表6.9.2）。

非固化橡胶沥青防水涂料主要性能指标　　　　表6.9.2

项　　目		技术指标
闪点（℃）		≥180
固含量（%）		≥98
粘结性能	干燥基面	100%内聚破坏
	潮湿基面	
不透水性		—
延伸性/断裂伸长率		≥15mm
低温柔性（℃）		−20，无断裂
耐热性（℃）		65，无滑动、流淌、滴落

进场的非固化橡胶沥青防水涂料、防水卷材应按照规范规定，在建设单位或监理的见证下抽样送检。所检验项目中全部指标达到标准规定时，即为合格。不合格的材料不得在工程中使用。非固化橡胶沥青防水涂料现场抽样复检：

1　检验批及抽样规定：

（1）以同厂家、同类型产品10t为一检验批，不足10t亦按一检验批。

（2）每检验批次随机抽取1组样品，每组至少4kg。

2　外观质量检验：产品热熔后搅拌应均匀、无结块，无明显可见杂质。

3　进场复验项目：闪点、固体含量、延伸性、低温柔性和耐热性。

4　进场的非固化橡胶沥青防水涂料应做好标识，标明涂料名称、生产厂家、执行标准号、生产日期和产品有效期，分类存放。

防水卷材的性能要求及现场抽样复检要求详见相关章节（5.4.4建筑防水卷材性能指标、6.5防水卷材技术交底及6.6自粘改性沥青防水卷材施工技术交底）。

6.9.3 施工机具准备

电动搅拌器、高压吹风机、专用加热器、喷涂机及专用喷枪、热风焊枪、手持压辊、铁桶、料桶、长柄滚刷、油漆刷、橡胶刮板、弹线盒、剪刀、壁纸刀、卷尺、钢卷尺、铁抹子、铁锹、小平铲、钢丝刷、扫帚、抹布、手提式干粉灭火器等。

6.9.4 复合防水层工艺流程

基层处理→涂刷基层处理剂→热熔非固化橡胶沥青防水涂料→大面喷涂或刮涂非固化橡胶沥青防水涂料→细部节点加强处理→大面铺贴防水卷材→提浆、排气→搭接边密封→防水卷材固定、收头、密封→检查验收。

6.9.5 现场条件准备

1 基面清理干净验收合格，已办理交接验收手续。基层强度满足设计要求，基层坡度、标高符合设计图纸要求，确保排水顺畅。

2 防水层的基层应充分养护，并做到表面坚固、平整、干净，无起皮、起砂等现象，基层宜干燥不得有明水或含水率达到饱和状态。

3 穿出地下室顶板、屋面的管道、设施和预埋件等，应在防水层施工前安装牢固。

4 阴阳角、管跟、设备基础等细部已抹成钝角或圆弧，圆弧直半径大于50mm，卷材收头处留设的凹槽尺寸正确，无遗漏。

5 非固化液体橡胶防水涂料涂膜施工应先做好节点处理，穿基层的套管及预埋件需固定好，底板、顶板、屋面的裂缝部位、管根、地漏、排水口、阴阳角、变形缝、后浇带等细部薄弱环节，应先做一层铺设带有胎体增强材料的附加层，附加层要求无空鼓，并压实铺牢，之后再进行大面积涂布。

6 后浇带应增设非固化橡胶沥青涂料夹铺胎体增强材料附加层，附加层应从后浇带两侧向外延伸300～400mm。

6.9.6 非固化橡胶沥青防水涂料复合防水层施工

1 施工前应先确定附加层的部位，阴阳角以及管道周边附加层的宽度不应小于250mm。

2 在水落口、出屋面的管道、阴阳角、天沟等部位应铺设附加层。施工时应均匀涂刷非固化橡胶沥青防水涂料，其厚度不应小于1.5mm厚，并应在涂层内夹铺胎体增强材料或在涂层表面粘贴无碱玻纤布进行增强处理。

3 涂刷基层处理剂：在合格基层上均匀涂刷基层处理剂，基层处理剂涂刷前应将处理剂充分搅拌，手工涂刷采用长柄滚刷将基层处理剂涂刷在已处理好的基层表面，涂刷时应厚薄均匀，不漏底、不堆积，遵循先高后低，先立面后平面的原则，基层处理剂涂刷完毕，基层处理剂完全干燥后方可进行下道工序施工。

4 非固化橡胶沥青防水涂料施工

（1）非固化橡胶沥青防水涂料刮涂法施工：将涂料放入专用设备中进行加热，把加热熔融的涂料注入施工桶中，在平面施工时将涂料倒在基面上，用齿状刮板涂刮，刮涂时一遍刮涂达到设计厚度，每次刮涂的宽度应比粘铺的卷材或保护隔离材料宽 100mm。

（2）非固化橡胶沥青防水涂料喷涂法施工：涂料加热达到预定温度后，启动专用的喷涂设备，检查喷枪、喷嘴运行是否正常。开启喷枪进行试喷涂，达到正常状态后，进行大面积喷涂施工，同层涂膜的先后搭压宽度宜为 30～50mm。调整喷嘴与基面的距离及喷涂设备压力，使喷涂的涂层厚薄均匀。每一喷涂作业面的幅宽应比卷材或保护隔离材料宽 100mm 左右。

5 粘铺卷材层：根据施工的气温和非固化橡胶沥青防水涂料与复合用卷材的特点，选择卷材铺设的时间和铺贴方法。

（1）每一幅宽的涂层完成后，随即粘铺卷材，卷材的搭接宽度不应小于 100mm。粘铺的卷材应顺直、平整、无折皱。

（2）自粘改性沥青卷材的搭接缝应采用冷粘法施工，施工时，应将搭接部位自粘卷材的隔离膜撕去，即可直接粘合，并用压辊滚压粘牢封严。

（3）高聚物改性沥青防水卷材的搭接缝宜采用热熔法施工，施工时，应用加热器加热卷材搭接部位的上下层卷材，待卷材开始熔融时，即可粘合搭接缝。

（4）合成高分子卷材的搭接缝可采用热风焊机或手持热风焊枪将卷材的搭接缝熔融，随即滚压粘牢封严。

（5）聚乙烯丙纶卷材的搭接缝宜刮涂非固化橡胶沥青涂料粘合，并封闭严密。

6 复合防水层施工完成经验收合格后，应及时施工保护层。保护层与复合防水层之间应设置隔离层。

6.9.7 非固化橡胶沥青防水涂料质量验收

1 非固化橡胶沥青防水涂料防水工程分项工程的施工质量检验批应符合下列规定：

（1）非固化橡胶沥青防水涂料防水工程应按防水面积每 $100m^2$ 检查一处，每处 $10m^2$ 且不少于 3 处；

（2）接缝密封防水每 50m 应检查一处，每处 5m 且不少于 3 处；

（3）细部构造应全面进行检查。

2　主控项目

（1）非固化橡胶沥青防水涂料防水层所用涂料的品种型号、质量应符合设计要求。

检验方法：检查产品合格证和现场抽样复验报告。

（2）非固化橡胶沥青防水涂料防水层的平均厚度应符合设计要求，最小厚度不得小于设计厚度的95%。

检验方法：针测法或取样量测或按总用量和总涂刷面积计算复核。

（3）非固化橡胶沥青防水涂料防水层在转角处、穿管处、变形缝、天沟、檐口、水落口、泛水等细部做法均应符合设计要求。

检验方法：观察和检查隐蔽工程验收记录。

3　一般项目

（1）非固化橡胶沥青防水涂料防水层与基层应粘结牢固，表面平整，涂刷均匀，不流淌、不露底、不分层、不堆积，无气泡、孔洞、褶皱等缺陷。

检验方法：观察检查。

（2）需铺设胎体增强材料时，铺设方向正确，搭接宽度应符合设计要求。

检验方法：观察和检查隐蔽工程验收记录。

卷材质量验收详见本章6.5.6防水卷材质量验收。

6.9.8　非固化橡胶沥青防水涂料复合防水层施工注意事项

1　非固化橡胶沥青防水涂料采用刮涂施工时，宜采用专用的加热设备加热，约15～20min，环境温度不同，材料的融化时间不同，将材料进行融化成液态，应采用控温设备或手动控制加热温度不高于160℃。

2　在基面上排好尺寸，画出基线，先对卷材进行裁剪预铺，调整好搭接宽度，并使卷材舒缓应力。相邻两幅卷材的短边搭接口要错开，错开长度不小于500mm，搭接顺序顺水流方向。试铺完成后施工非固化橡胶沥青涂料前将卷材原地卷起，或沿长轴中线往两侧对折，以便非固化防水涂料施工结束后立即铺贴防水卷材。

3　选择喷涂法施工时，打开加热装置的电源开关，温度控制器上会显示测量的实际温度，将温度控制器上的拨动开关拨到"调试"状态，利用上下键来调整所需要的温度，加热温度一般设置为160℃，喷涂作业应分区段施工，每一作业幅宽应大于卷材宽度300mm。喷嘴距离基面300～400mm为宜。

4　喷涂时按照"先上后下、先易后难、先边后中"的原则。喷涂时要注意观察喷涂位置的变化，掌握好喷涂的手法和喷涂的厚度，一次喷涂达到设计要求。喷涂过程中采取压枪的方式进行喷涂，以保证喷涂后的材料表面平整，不露底且薄厚均匀。

5 宜分段或分区进行施工，分段或分区施工完后，质检员应对涂料的厚度、涂料的均匀性进行检查，若厚度不达标或局部需要强化，则用抹子取涂料用手工刮涂的方式将其补上。

6 收口、密封：卷材终端收口可采用特制的专用收口压条（镀锌金属压条）及耐腐蚀螺钉固定（圆形构件卷材立面收口应采用金属箍紧固），采用沥青基密封材料密封，防水卷材的接缝处应平整、顺直、不扭曲，粘结牢固，确保防水系统的可靠性。

7 施工过程中应进行质量检查，如发现有破损、扎坏的地方要及时组织人员进行修补，避免隐患的产生。

8 高温天气下施工完成的防水层不宜暴晒，可采用遮阳布等物品进行遮盖。

9 采用喷涂法施工作业时，每天喷涂完成后，关闭所有加热装置控制柜上的旋转开关。关闭加热装置的电源。将喷涂设备一直运转，把保温桶内、设备内和管道内的原料完全打空，观察喷枪前端不再出料后，旋转调压旋钮至 0 位。将喷枪的安全锁打开，锁定喷枪。

10 不得在已验收合格的防水层上打眼凿洞，所有预埋件均不得后凿、预埋件不得后做，如必须穿透防水层时，必须提前通知防水专业承包单位，以便提供合理的修补方案，及时修补。

11 防水材料和辅助材料多属易燃品，存放材料的仓库及施工现场必须符合国家有关防火规定。

12 掌握天气预报资料，防水宜在 5～30℃ 气温的晴朗天气下施工，严禁在雨天、雪天和五级风及其以上时施工。地下室防水施工期间必须做好降水和排水工作，地下水位应降至垫层底以下不少于 500mm 处，直至施工完毕。

6.9.9 施工安全、文明施工、职业健康保证措施

1 加强对作业人员的安全、文明施工、职业健康培训及教育，增强职工自我保护意识。

2 强化安全生产工作领导，建立安全生产责任制，操作工人应持证上岗，并进行安全技术交底，操作中，严格执行劳动保护制度。

3 患有皮肤病、眼病、刺激过敏者，不宜参加防水工程的操作工作；施工过程中，如发生恶心、头晕、过敏等，应立即停止工作，并到通风凉爽的地方休

息，或请医生诊治。

4 操作工人应穿软底鞋、长袖工服，裤脚、袖口应扎紧，并应佩戴防烫手套、护脚、口罩，外露皮肤应涂擦防护膏。严禁穿带钉子或尖锐突出的鞋进入现场，以免破坏防水层。

5 涂刷有害健康的基层处理剂和胶粘剂时，应戴口罩和防护眼镜，并应注意风向，防止下风向作业人员中毒和烫伤。

6 铺贴卷材时，两个操作人员应保持一定的安全距离，根据风向错位，避免热油飞溅伤到操作人员，施工时，檐口下方应设隔离区域或警示标志，严禁非作业人员进入，不得有人行走或停留，避免热油溅伤人。

7 喷枪的喷嘴不准对人，非本工序人员不得进入操作面。

8 施工现场设备、电器、高空作业等安全要求，必须按照国家和地方现行相关标准执行。

9 当在屋面坡度超过30%的斜面上施工，必须有牢靠的立足处，屋面周围应设置防护栏杆等安全设施。施工的作业人员须系好安全带。

10 防水层施工应避免在高温烈日下施工，雨、雪、霜天，刮大风时应停止施工。

6.10 建筑密封材料施工技术交底

执行本技术交底的同时，应遵守国家、行业及地方标准的规定，满足施工图以及施工组织设计、施工专项方案的要求。

6.10.1 技术准备

1 核查建筑防水工程施工的企业防水专业施工资质证书，防水工程施工作业人员应经过培训，持证上岗。

2 进行相关规范、施工图纸学习培训，施工前编制聚合物水泥防水涂料专项施工方案，并根据专项施工方案，做好技术交底。

3 明确施工部位的施工工艺、施工顺序、质量标准和质量保证措施。

4 确定质量检验程序、施工记录的内容要求。

5 做好安全、文明施工、职业健康、成品保护等交底。

6.10.2 建筑密封材料要求及进场验收

建筑密封材料性能指标应符合现行国家或行业标准的规定，应有明确标志、产品执行标准；进场时应提供产品合格证和说明书、出厂检测报告。建筑密封材料试验方法按国家现行标准《硅酮和改性硅酮建筑密封胶》GB/T 14683、《聚氨酯建筑密封胶》JC/T 482 执行；进场时应提供产品合格证和说明书、出厂检测报告（表 6.10.2）。

建筑密封材料主要性能指标   表 6.10.2

检测项目		性能要求						
		硅酮类（SR）		改性硅酮类（MS）			聚氨酯类	
		LM	HM	LM	HM	LM-R	LM	HM
下垂度（mm）		≤3		≤3			≤3	
弹性恢复率（%）		≥80		25级≥70		—	≥70	
				20级≥60				
定伸永久变形（%）		—		—		>50	—	
拉伸模量（MPa）	23℃	≤0.4 和	>0.4 或	≤0.4 和	>0.4 或	≤0.4 和	≤0.4 和	>0.4 或
	−20℃	≤0.6	>0.6	≤0.6	>0.6	≤0.6	≤0.6	>0.6
定伸粘结性		无破坏		无破坏			无破坏	
浸水后定伸粘结性		无破坏		无破坏			无破坏	
冷拉-热压后粘结性		无破坏		无破坏			无破坏	
质量损失率（%）		≤8		≤5			≤7	

进场的建筑密封材料应按照规范规定，在建设单位或监理的见证下抽样送检。所检验项目中全部指标达到标准规定时，即为合格。不合格的材料不得在工程中使用。

1　外观质量检验：细腻、均匀膏状物，无气泡、结皮或凝胶。细腻、均匀膏状物或黏稠物，无气泡。

2　检验批及抽样规定：

（1）同一厂家、同一类别等级的产品，每 2t 为一批，不足 2t 也按一批计。

（2）每批产品随机抽取 1 组样品，每组取样量不少于 2kg，或支装 2 支。

3　进场复验项目：表干时间、下垂度、弹性恢复率、拉伸模量、定伸粘结性、浸水后定伸粘结性。

4　进场的建筑密封材料应做好标识，标明涂料名称、生产厂家、执行标准号、生产日期和产品有效期，分类存放。

6.10.3　施工机具准备

高压吹风机、嵌缝枪、专用压轮、铁桶、料桶、刷子、刮板、剪刀、卷尺、钢卷尺、铁抹子、小平铲、钢丝刷、扫帚、抹布、手提式干粉灭火器等。

6.10.4　建筑密封材料施工工艺流程

接缝槽内清理、修整→嵌填背衬材料→缝口外两边粘贴遮挡胶带纸→涂刷基层处理剂→材料准备（单组分：直接使用；多组分：计量、拌合；热熔材料：加热、熔化）→第一次填嵌、灌注密封材料→沿缝槽两侧反复批刮、揉擦→第二次填嵌、灌注密封材料→表面抹平压实→检查、修整→揭除遮挡胶带纸→养护→检查、验收→保护层施工。

6.10.5 现场条件准备

1 已办理基层交接验收手续。

2 接缝槽内应平整牢固、清洁干燥，接缝槽内基层强度满足设计要求；基层干燥程度满足材料性能要求。

3 将接缝槽内表面浮尘、杂物清扫干净，表面突出部分应清除干净，不得有开裂、起砂和脱皮等现象。

4 建筑密封材料应标明名称规格、生产厂家、执行标准号、生产日期和产品有效期，并应分类存放在干燥、通风的仓库内。

5 掌握天气预报资料，宜在 5~30℃ 气温的晴朗天气下施工，严禁在雨天、雪天和五级风及其以上时施工。

6 地下防水工程施工期间必须做好降水和排水工作。

6.10.6 建筑密封材料施工

1 密封防水部位的接缝宽度应符合设计要求，密封材料嵌缝的两侧基面应坚固，表面应平整、干燥、密实，不得有裂纹、麻面、起皮和起砂现象，嵌填前基层应干净、干燥。

2 嵌填密封材料前应先涂刷与密封材料相容的基面处理剂。

3 基面处理剂干燥后应及时嵌缝，嵌缝深度宜为缝宽的 0.5~0.7 倍，嵌填密封材料应与基面粘结良好、连续不间断，不得混入气泡，表面应平整。

4 槽缝底部应垫放背衬材料。热灌密封材料时应采用耐高温的背衬材料。

5 背衬材料的嵌入可使用专用压轮，压轮的深度应为密封材料的设计厚度，嵌入时背衬材料的搭接缝及与缝壁间不得留有空隙。

6 采用热灌法施工密封材料时，应由上向下进行，尽量减少接头。垂直于屋脊的分格缝宜先灌，同时在纵横交叉处宜沿平行于屋脊的两侧各延长浇灌 150mm，并留成斜槎。灌缝宜分两次进行，第一次先灌缝深度的 1/2~1/3，用刮板将密封材料沿缝槽两边反复揉擦，然后第二次将缝灌满，略高出板缝，灌缝时溢出两侧多余的材料可切除回收利用。

7 采用冷嵌法施工密封材料时，应先将少量密封材料批刮在缝槽两侧，分次将密封材料嵌填在缝内，嵌填应饱满，表面应抹平压实，不得有气泡和孔洞，并防止裹入空气，接头处应留成斜槎。对嵌填完毕的密封材料，应避免碰损及污染，固化前不得踩踏。

8 填嵌密封材料时，应采取遮挡措施如缝口外两边粘贴遮挡胶带纸，避免污染周边部件。

9 灌缝完毕后，应立即检查接缝两侧面与密封材料的粘结质量，发现脱开和气泡现象，应用喷灯或电烙铁烘烤后压实。密封材料熬制及浇灌温度应按不同材料的要求严格控制。

10 接缝外露的密封材料表面上，应按设计要求设置保护层，如设计无规定时，可用密封材料稀释作涂料，衬加一层胎体增强材料，做成与缝等宽的一布二涂的涂膜保护层，冷嵌的密封材料表干后方可进行保护层施工。

6.10.7 建筑密封材料质量验收

1 主控项目

（1）密封材料的质量应符合设计要求。

检验方法：检查材料出厂合格证、现场抽样复验报告。

（2）密封材料嵌填必须密实、连续、饱满，与基层粘结牢固，无间隙、气泡、开裂、脱落等缺陷。

检验方法：观察检查。

2 一般项目

（1）接缝处密封材料底部应填放背衬材料。

检验方法：检查隐蔽工程验收记录。

（2）密封防水接缝宽度应符合设计要求，允许偏差为＋10％，接缝深度为宽度的0.5～0.7倍。

检验方法：尺量检查。

（3）嵌填的密封材料表面应平滑，缝边应顺直，无凹凸不平现象。

检验方法：观察检查。

6.10.8 建筑密封材料施工注意事项

1 应待基层处理剂表干后嵌填密封材料。

2 应根据接缝的宽度选用合适的挤出嘴，并应挤出均匀。

3 宜从一个方向进行嵌填密封材料，并由背衬材料表面逐渐充满整条接缝。

4 密封材料挤入接缝受压面时密封膏的厚度和宽度应均匀一致。

5 嵌填密封材料后，应在密封材料表干前用专用工具对胶体表面进行修整，溢出的密封材料应在固化前进行清理。

6 密封材料固化前应避免损坏及污染，不得泡水。

6.10.9 施工安全、文明施工、职业健康保证措施

1 加强对作业人员的安全、文明施工、职业健康培训及教育，增强职工自我保护意识。

2 强化安全生产工作领导，建立安全生产责任制，操作工人应持证上岗，并进行安全技术交底，操作中，严格执行劳动保护制度。

3 患有皮肤病、眼病、刺激过敏者，不宜参加嵌填密封材料的操作；施工过程中，如发生恶心、头晕、过敏等，应立即停止工作。

4 操作工人应穿软底鞋、长衣、长裤，裤脚、袖口应扎紧，并应佩戴手套、口罩，外露皮肤应涂擦防护膏。

5 涂刷基层处理剂时，应戴口罩和防护眼镜，并应注意风向。

6 施工现场设备、电器、高空作业等安全要求，必须按照国家和地方现行相关标准执行。

7 当在屋面坡度超过30%的斜面上施工，必须有牢靠的立足处，屋面周围应设置防护栏杆等安全设施。施工的作业人员须系好安全带。

8 应避免在高温烈日下施工，雨、雪、霜天，应待屋面基层干燥后方可施工，刮大风时应停止施工。

第7章 防水工程的维护管理

建筑防水工程是一个系统工程，从选用可靠上乘的防水材料，制定技术先进、经济合理的防水设计方案，精心组织施工，科学到位的管理以及使用过程中完善的维护保养，才可满足防水工程设计要求，达到和延长防水层的使用年限。

加强管理、合理使用、及时维护是防水工程质量保证体系中的重要条件，是涵盖了设计、材料、施工、维护的防水工程全寿命周期的重要组成部分。

7.1 建筑工程的维修管理

7.1.1 渗漏途径

1 毛细孔、裂缝及孔洞引起的渗漏

建筑物、构筑物的外围护结构多由钢筋混凝土、蒸压加气混凝土砌块、灰砂砖、烧结空心砖等组成，蒸压加气混凝土砌块、灰砂砖、烧结空心砖及砌筑砂浆属于多孔材料，混凝土要密实一些，但混凝土是以水泥为主要胶结材料，以砂、石为骨料加水拌和，经过浇筑成型、凝结硬化形成的现场湿作业二次加工的不均匀人工石材，材料的品质波动及综合性能、现场施工技术、管理水平及外部影响因素对其影响非常大。

毛细孔、孔隙、裂缝、孔洞是渗漏的通道，混凝土施工中为保证其和易性，往往加入比水泥水化作用所需的水分多 3～5 倍的水；尤其是泵送混凝土，为保证其具有良好的和易性、流动性及可泵性，其坍落度一般要求在 80～200mm 左右，因此泵送混凝土比非泵送混凝土每立方米要多用水 25～30kg。多出的这些水分以游离态形式存在，在振捣过程中，一部分游离水在振动力的影响下在粗骨料的表面形成水膜或移动到模板与混凝土的接触面处，等到水分蒸发完之后会出现孔隙；混凝土浇筑施工及终凝前，由于粗、细颗粒的大小和沉降速率的不同，使骨料沉降产生孔隙；混凝土中砂石粒形不好、级配不当，砂浆或水泥浆不能将粗骨料完全裹住产生孔隙；混凝土存在泌水、离析现象，在硬化过程中逐步蒸发，从而在混凝土内部形成大量毛细孔、空隙甚至孔洞。

级配和粒形不好的砂石含气量检测值往往偏高，会在混凝土浇筑的早期形成气泡。砂石的级配和粒形对混凝土拌合物的和易性影响较大，选用细度模数小于

2.5的细沙时，拌制的混凝土拌和物比较黏稠，施工中难于振捣，且由于砂比较细，在满足相同的和易性要求时，会增大水泥用量，影响混凝土的耐久性、收缩裂缝等；但选用细度模数大于3.3的粗砂时，容易引起新拌混凝土在运输浇筑过程中离析，保水性差，所以一般选用细度模数2.6~3.2的级配良好的中砂。

另外由于配合比不准确，沙子和水泥品种选取不当，骨料太粗，水分过多，施工时振捣不密实，胶结料偏多、砂率偏大、外加剂品质不好、选择不当，外加剂与水泥不匹配出现泌水、离析和坍落度损失，混凝土浇筑分层厚度过大、振捣不充分等，养护不足，亦会导致新拌混凝土过于黏稠，使混凝土在搅拌时就会裹入大量气泡或大量的气泡在黏稠的混凝土中排出困难，在浇筑成型期间留下了很多孔隙，混凝土硬化后结构表面出现孔隙及蜂窝麻面。

从微观上看混凝土都是带裂缝工作的，裂缝包括无害裂缝和有害裂缝两类，当混凝土和砂浆基层中裂缝宽度超过0.2mm的时候，就会发生水渗透。

裂缝分为结构性裂缝和非结构性裂缝，结构性裂缝是因各种外荷载引起的裂缝，也称荷载裂缝。它包括由外荷载的直接应力引起的裂缝和在外荷载作用下结构次应力引起的裂缝，包括早期强度低却存在不适当受力而产生的变形裂缝；结构在正常受力允许变形的情况下产生的裂缝。非结构性裂缝是由各种变形变化引起的裂缝，它包括温差、干缩湿胀和不均匀沉降等因素引起的裂缝；这类裂缝是在结构的变形受到限制时引起的内应力造成的。根据大数据提供的资料，非结构性裂缝在工程中占了绝大多数，约为80%，以收缩裂缝为主，包括塑性收缩裂缝、沉降收缩裂缝、干燥收缩裂缝、自身收缩裂缝、温度裂缝、施工操作不当出现的裂缝、早期冻胀作用引起的裂缝以及一些不规则裂缝、使用期间钢筋锈蚀膨胀产生的裂缝、盐碱类介质及酸性侵蚀气液引起的裂缝、冻融循环造成的裂缝、碱骨料反应引起的裂缝以及循环动荷载作用下损伤累积引起的裂缝、混凝土硬化过程中水化作用和碳化作用引起混凝土体积收缩形成的裂缝、混凝土大体积混凝土浇筑时由于内外温差过大而产生的温度裂缝，结构特征存在异常和配筋不当等都会导致混凝土出现孔、洞和裂缝，这些毛细孔、气泡、孔隙、裂缝和孔洞都会发展成为渗水的通道。

2 变形缝、分隔缝、后浇带等引起的渗漏

为预防不均匀沉降、减小总收缩值和温度应力，避免因结构基层和防水层变形及温度、湿度变化引起开裂而导致渗漏，结构或防水层要在一定距离内设置变形缝、分隔缝、后浇带，使变形集中于缝中，以此来避免各种变形引起的破坏。如在底板、顶板、屋面的细石混凝土及外墙砂浆设置分格缝，使大面积板块变成规则的小板块，板块间留出伸缩缝，缝中嵌入柔性防水密封材料，把变形集中在一处进行统一处理，避免或减少在分缝距离内出现裂缝。虽然结构设置了变形缝、分隔缝、后浇带，变形会更多地集中在这些预设置的缝上，但也不会因此完全避免发生缩胀变形裂缝，其受施工环境和人为因素影响大。变形缝、分隔缝、后浇带是应力集中的部位，是防水的薄弱环节。

3 "窜水"引起的渗漏

在建筑物、构筑物的地下室、外墙、屋面及室内的防水层与面层、结构层之间，设置有保温层、轻质混凝土找坡层、低强度等级砂浆或轻质材料填充层等，从施工缝、分隔缝或防水层破损处进入的水，在这些可蓄水层或间隔空间中渗流，造成夹层大范围潮湿或积水，经由其他裂缝或孔隙进入室内或其他房间，这种现象称为"窜水"。由于进水点与渗漏点的不对应性，无法迅速判定防水层渗漏的进水位置，是判断渗漏途径的最大障碍，给防水工程的维修施工带来较大的难度。

卷材空铺、条铺、点铺在现行的规范中是被允许的，也就是说防水层下有未和基层完全粘接的空隙，一有渗水点出现在防水层中，水便会渗透到防水层下面，在这些可蓄水层或间隔空间中到处流窜。同时，室内卫生间施工中，作业人员为赶工期和施工方便，不采用聚合物水泥防水砂浆而用干硬性砂浆铺贴地砖，水泥未能充分凝结硬化，留下许多孔隙、裂缝和孔洞，流窜渗水引起周边地面渗漏，墙面因渗漏空鼓、脱落、霉变。

7.1.2 渗漏的查勘

建筑物、构筑物渗漏维修施工前，应先进行现场查勘，渗漏的查勘宜采用走访、实地观察、无损检查及仪器检测等方法，查找渗漏原因和渗漏范围。无损检查可进行蓄水试验、外墙淋水试验等，亦可利用仪器进行检查；可利用红外线成像仪、声波检测仪、磁场检漏仪等判断潮湿区域范围、空鼓或卷材脱开情况等。渗漏现场查勘时，找出渗漏原因，判断渗漏点进水位置；查清漏水部位、现状、影响的范围，渗漏水的变化规律，裂缝、裂纹或穿孔的宽度、长度、深度和贯穿情况，渗漏部位防水层及细部防水构造现状及破坏程度，房屋结构的安全和其他功能的损害程度；了解雨天和晴天的漏水情况，测量漏水的流量与流速等，掌握周围环境、使用条件、气候变化对工程的影响，对渗漏部位画好标识，做好记录。

需检查结构排水是否通畅，检查防水层及细部节点构造出现的渗漏现象，卷材和涂膜防水层的细部构造检查是重中之重；卷材防水应检查卷材表面产生的裂缝、空鼓、翘边、龟裂、破损、剥落、积水位置和范围；暴露式的涂膜防水层，应检查平面、立面涂膜剥离、断裂、起鼓、翘边、腐烂、老化和积水等情况；对有保护层的涂膜防水层，还应检查保护层开裂、分格缝嵌填材料剥离和断裂等情况，并编写现场查勘书面报告。

7.1.3　渗漏的原因判断

建筑工程渗漏水维修是一项复杂而又困难的综合性工作，防水工程的四要素：设计、材料、施工、维护，任何一个环节出问题，如：设计选材不当、防水构造设置不当、施工细部处理不当、材料失效、维护不及时以及选用劣质材料、施工偷工减料等都会引起渗漏隐患。在工程维修分析具体原因时，先要确定导致渗漏水的直接原因，然后判断是设计、材料、施工、使用的原因或是几种原因一起引起渗漏的。

1　设计原因

设计原因是指防水构造层次、构造顺序、细部节点的构造设计不合理、选材错误、图集选用错误、对结构变形可能引起的防水层破坏没有采取相应的措施等。由于设计人员对防水材料的性能不了解，选择的两种防水材料复合搭配设计不相容，合成高分子类防水卷材或防水涂膜的上部采用热熔型卷材复合，上层的防水材料施工对下层防水材料造成损害。部分防水标准图集多年不更新，跟不上防水新材料、新技术的发展和防水标准、规范的更新步伐，设计的防水构造层次不合理。

防水设计还易出现下列错误：防水层厚度不满足标准要求；分格缝间距过大，防水等级或混凝土抗渗标准不符合地方标准要求；在两层防水层间设置隔离层；将水泥基渗透结晶型涂料刷在砂浆找平层上；高层建筑外墙面砖饰面层或卫生间瓷砖面层用防水涂料做防水层引起面砖脱落；厨卫间地面采用干硬性砂浆粘贴地砖；未按规范要求间距设置后浇带引起建筑物不均匀沉降导致防水层被拉裂；不了解防水施工工艺，没有考虑到防水施工的可操作性等。

2　材料原因

材料原因造成的渗漏是使用不合格的防水材料或假冒伪劣防水材料，拉伸性能等性能指标达不到标准及设计要求，材料在短期内就发生老化破坏现象；偷工减料，防水层厚度没有达到设计和规范要求，涂料的有效厚度得不到基本保证，基层在轻微的外力作用下容易形成渗漏通道，造成渗漏；材料自身存在缺陷，配套材料不匹配等。

3　施工原因

施工原因分为两部分，分别为防水基层施工的原因和防水层施工的原因。防水混凝土施工时振捣不充分、泵送时擅自加水、配合比不准确，沙子和水泥品种选取不当，骨料太粗，水分过多，施工时振捣不密实，胶结料偏多、砂率偏大、外加剂品质不好、选择不当，外加剂与水泥不匹配出现泌水、离析和坍落度损失，混凝土浇筑分层厚度过大、养护不足等会导致新拌混凝土和易性不好，混凝土在搅拌时就会裹入大量气泡或大量的气泡在黏稠的混凝土中排出困难，水分蒸发完之后会出现毛细孔、裂缝、蜂窝麻面等，形成渗漏通道。

防水层施工工艺不当、节点处理不当，以及对施工完毕的防水层没有及时、有效地进行成品保护、施工找坡未能达到设计要求的坡度，防水层长期处于浸泡或干湿交替状态引起破坏等原因造成渗漏。

4　使用及其他原因

防水工程交付使用后，对防水工程的及时管理及专业的养护，能使防水材料充分发挥其各项性能指标，防水层的耐久性在一定程度上取决于使用工程中的维护是否及时、专业。不注意使用阶段的维修管理，维护管理缺失、日常维修保养不及时，没有做一般性修缮，不对质量隐患及时进行处理，会使建筑物、构筑物的防水层功能日渐减弱。另外，不可抗拒因素、环境条件、气候变化影响、不合理使用对防水层功能有很大的影响：

（1）地下水腐蚀性、氡浓度超标，以及人为因素引起的附近水文地质条件改变的影响，如由于周边基础施工土方开挖，引起地基应力变化，导致结构出现不均匀沉降，产生开裂而导致渗漏。

（2）基层结构等受温差变化影响产生温度应力，产生的变形量会使结构的某些部位被拉开，这些在结构完工后一两年内被拉开的小裂缝，在整个建筑生命的过程会随着温差变化而重复地扩大或闭合，产生变形裂缝使防水层受挤压或拉裂导致渗漏。

（3）整体结构发现变化或强台风等不可抗力的作用下，亦会使原有防水系统出现破坏；由于建筑物的不均匀沉降引起建筑物、构筑物在不同材料的交界处及外表面出现了微细裂缝，水沿着这些裂缝渗入结构，时间一长，裂缝加宽、变长、扩展，渗漏加剧，造成防水层失效。

（4）屋面在使用过程中出现不合理的破坏性使用，在已完工的防水屋面上增加或换型安装设备、架设广告牌、电视天线等各种设施，甚至在屋面乱搭乱建对防水层造成破坏。

（5）屋面、外墙等防水工程长期在恶劣的环境条件下工作，受阳光辐射、臭氧作用、风雨台风侵袭、冻融侵害，均会加速防水材料的过早老化和破坏。

（6）用户在外墙上安装空调架使用膨胀螺栓，破坏原有防水层未处理、用户在外墙重新安装附墙管道、热水器排气管道、后开孔洞和后埋锚钉处未做防水处理导致渗漏。

（7）屋面未定期清理维护，天沟、檐口尘土、杂物堆积导致堵塞水落口，不能保证排水系统畅通，造成屋面长期积水浸泡，不能确保排水防水设施始终处于有效状态。

（8）窗台的泄水孔堵塞，暴雨台风天气雨量过大导致渗漏。

7.1.4 渗漏的维修方案确定

渗漏的维修涉及了方方面面，根据其功能要求、需要达到的防水等级，维修成本，结合现场查勘情况，确定是采用局部维修还是整体翻修施工。渗漏维修方案确定前，应充分了解原防水设计文件，详细了解原设计图纸及设计说明、渗漏部位原结构施工和防水施工情况、结构及防水验收资料、防水材料合格证、现场复试报告、历次维修情况等。根据资料和渗漏的现场查勘情况，考虑维修施工的实际可操作条件，确定最终渗漏维修方案。

1 渗漏维修方案的确定

渗漏维修工程应根据建（构）筑物的结构特点、功能要求、重要程度、防水设计等级、渗漏部位、施工可操作性及施工条件，结合渗漏查勘书面报告，准确判断渗漏部位，综合分析渗漏的原因，来编制渗漏维修方案；通常通过多方案比较后确定技术先进、经济合理的最终维修施工方案。渗漏维修方案主要内容宜包括：防水维修工程的工程量，防水系统构造设计及选材，施工工艺及注意事项，细部节点处理方法，基层处理措施，防水层、保温隔热层的相关构造与功能恢复，完好防水层、保温隔热层、饰面层等的保护措施。设备计划、材料计划、人员计划、施工进度计划，施工组织与管理，施工工艺及操作要求，质量保证措施及施工的可操作性，材料垂直运输及水平运输路线，施工安全设施（脚手架、操作架等）的搭设可行性，其他成品保护、施工安全、文明施工、职业健康保证措施等。渗漏维修方案应技术先进、经济合理、安全可靠、节能环保。凡涉及结构安全、外观和颜色改变、更改原设计构造、变更相关材料时，应由原设计单位进行方案审核，同意后方可进行施工。

2 渗漏维修材料选择

本书已经就防水材料的选择，复合搭配方案，刚性防水材料、防水涂料、防水卷材、基层处理剂、接缝胶粘剂、密封胶等性能指标要求，进场复检要求及方法作了详细叙述，这里就不再讨论。渗漏维修工程材料的选择应遵循以下原则：

维修防水材料需与原防水层材料相容，维修防水材料需与原防水层耐用年限相匹配，防水材料的品种、规格、性能等应符合现行国家产品标准技术规范要求，可采用相容的两种或多种防水材料复合使用。

3 渗漏维修、翻修施工

房屋局部不能满足正常使用要求的防水层需进行维修；当发生大面积渗漏，防水层丧失防水功能时，应进行翻修。重新施工的涂料、卷材应符合国家现行标准的要求；铲除原防水层时，应预留新旧防水层搭接宽度，做好新旧防水层搭接密封处理；不得破坏原有完好防水层和保温层；渗漏修缮完工后，应恢复该部位原有的使用功能。施工过程中应随时检查修缮效果，并做好隐蔽工程施工记录。

7.2 防水工程施工过程中的成品保护与管理

防水工程的维护管理包含两个方面：一是防水工程施工过程中的成品保护，二是防水工程交付使用后，使用单位的使用管理和维护保养。

7.2.1 防水工程成品保护管理要求

1 工程施工中需对防水工程施工的各个阶段、各个工序制定详细的成品保护规定和严格的成品保护奖罚制度。

2 对职工进行成品保护培训，提高职工成品保护意识，做好本工种和其他专业（工种）的成品保护。

3 责任到人：分区指定成品保护负责人，明确责任范围，防水层施工中或防水保护层未完成时，应派专人巡视施工现场。

4 施工作业完成后要做到场清、料净，不影响其他工种的施工。

5 施工时杜绝野蛮施工，爱护设备，爱护工具，节省材料。

7.2.2 防水工程成品保护一般规定

在建筑工程施工过程中，要注意防水工程成品保护，防止防水层受到破坏，影响防水层的质量，避免日后使用时出现渗漏，影响人们的工作及生活，确保建筑工程的整体质量。

在防水层施工中或防水保护层未完成时，是成品保护的关键时期，成品保护是防水工程成败的关键，为确保防水工程达到理想的效果，需对成品采取保护措施；防水施工要与有关工序作业配合协调，防水专业分包单位与总包单位及其他分包单位相关操作人员共同保护防水层不遭破坏，存放防水材料地点和施工现场必须通风良好，以保证工程质量的最终施工效果。

1 施工工序要组织得当，工序搭接合理，防水层施工前，基层的各种预留孔洞与穿墙套管均已经安装好，做好穿墙管、电线管、电器盒及预埋件等的保护，防止预埋件移位；预留管口的临时封堵不得随意打开，以防掉进杂物造成管道堵塞。防水层施工时不得碰坏其他专业成品，细部节点已处理好，并做好加强层。施工时进行"自检、互检、交接检"，仔细检查各道工序质量，并有完善的检查记录。

2　在防水层施工中或防水保护层未完成时，严禁非本工序人员进入现场。施工人员应穿软质胶底鞋，严禁穿带铁钉、带掌的鞋进入现场，以免扎伤防水层。防水施工物料进入，必须遵守轻拿轻放的原则，防水层上堆料放物，应以方木铺垫。严禁尖锐物体撞击扎伤防水层。

3　热熔法或热粘法铺贴的卷材与冷粘法及自粘法铺贴的卷材复合施工时，需要热作业的卷材应设在冷作业卷材的下面。

4　焊接法和机械固定法铺贴的防水卷材，与冷粘法或自粘法铺贴的防水卷材复合施工时，应将焊接法和机械固定法铺贴的防水卷材设置在下部。

5　卷材、涂膜与刚性材料复合使用时，刚性材料应设置在柔性材料的上部。

6　涂膜防水层施工中，不得污染已做好的饰面的墙面、卫生洁具、门窗等，注意保护成品防止污染。涂膜防水层未固化前，不允许有人行走踩踏，不得在防水层上堆放物品或进行其他施工作业，以免破坏防水层造成渗漏。

7　卷材铺贴后 2h 内不得扰动、上人踩踏。柔性防水层完成后必须及时做好保护层，宜采用细石混凝土作保护层；细石混凝土防水保护层与柔性防水层之间宜设置隔离层。

8　为保证已做好的防水层在支模、绑扎钢筋、浇筑混凝土、回填土等工序中不受损伤，防水层上应设置保护层。防水层验收合格后，及时做好保护层，保护层施工时，应采取有效的保护措施，避免破坏防水层。施工时必须防止施工机具如手推车或铁锨损坏防水层，布料用的钢筋马凳的铁腿和手推车的支腿应用胶皮或麻布包扎好，以免扎破防水层。

9　大降板卫生间采用两道涂膜防水层，一般毛坯房交工时通常做好底层的涂膜防水层交工，上部的涂膜防水层一般交由业主装修时再施工，交房说明书需有专门的说明。已涂刷好的涂膜防水层，要做好保护措施，在入口处设置防护或不得进入的标识，以免防水层损坏。

10　防水砂浆、防水混凝土、细石混凝土防水保护层浇筑后应及时进行养护，养护时间不宜少于 7d。养护初期防水层不得上人。

11　外墙防水层采用聚合物水泥防水砂浆时，应对聚合物水泥防水砂浆及时养护，以防有细微裂缝或空鼓。

12　外墙防水层采用聚合物水泥防水涂料，需待聚合物水泥防水涂料完全成膜后，方可继续施工。

13　水泥基渗透结晶型防水涂料涂层表干后应立即进行湿润养护。

14　接缝密封防水采用冷嵌法施工密封材料时，对嵌填完毕的密封材料应避免碰损及污染，固化前不得踩踏。

15　接缝外露的密封材料表面上，应按设计要求设置保护层，冷嵌的密封材料表干后方可进行保护层施工。

16　防水层施工完毕后，不能在防水层上开洞或钻孔安装机器设备。因设计变更或收尾工作，在已完防水屋面上增加或换型安装设备及广告牌搭设项目，需要在防水屋面上作业，应有补救方案，经批准后实施，并做好记录，必须事先做好防水屋面成品质量保护措施方能施工，作业完毕后应及时清理现场，并进行质量检查复验。施工中若有局部防水层破坏，应及时修补，修复时应做防水加强层处理，以确保防水层的质量。

17　在吊运其他构件时不得碰坏施工缝企口及撞动止水带。

18　防水施工完工后应清理干净，不得在防水屋面上堆放材料、什物、机具，散落材料及垃圾应工完场清，施工中应防止杂物掉入地漏或排水口内，确保排水畅通，防止水落口堵塞。

19　装卸溶剂的容器，必须配软垫，不准猛推猛撞。使用容器后，其容器盖必须盖严。

20　库房及施工现场严禁吸烟。使用明火操作时，申请办理用火证，并设专人看火。配备灭火器材，周围30m以内不准有易燃物。

7.2.3　地下室防水工程成品保护技术措施

1　地下防水施工工序要组织得当，防水施工完成验收后应及时组织保护层施工，车库、地下室外墙防水保护层施工完成后，要及时组织回填土施工，使卷材防水及其保护层及时隐蔽保护。

2　严禁在防水卷材附近或防水层上使用电焊、火焊，在防水卷材上部高空部位电焊时，应设防护措施或设接火盆或防火垫，并对防水层进行临时覆盖保护，以避免电焊火花将防水层烧坏。焊接前应做好动火审批，准备好灭火器等消防用品。

3　卷材施工完后应将现场物品清理干净，并不得有重物和带尖物品直接放置在卷材防水表面。

4　底板、顶板、屋面的细石混凝土保护层未施工前和施工后未达到设计强度前，严禁在防水层上堆放各种材料。

5　为避免刚性保护层变形时，柔性防水层受变形影响，防水层与保护层之间应设置隔离层。

6　底板防水层上要进行底板钢筋施工、支模、浇筑混凝土等工作，底板卷材防水层上的保护层宜用细石混凝土，其厚度不应小于 50mm。

7　地下室顶板卷材防水层的保护层宜用细石混凝土，厚度不应小于 70mm。

8　底板浇筑混凝土保护层时，不得将混凝土直接倒在防水卷材上，底板混凝土保护层采用商品混凝土，若使用溜槽运送混凝土到浇筑部位时，溜槽底部应铺设胶合板或薄钢板，混凝土卸在胶合板或薄钢板上再推开，之后可先卸在已铺开的混凝土上，再扩大铺到混凝土作业面，防止混凝土直接冲击卷材防水层。

9　进行底板防水保护层施工时，如有手推车在防水层上行走，手推车的支腿、钢筋马凳的铁腿应用胶皮或麻布包扎好，以免扎破防水层。如发现防水层有破损的，应及时进行修补。

10　浇筑混凝土过程中应随时清扫撒落的混凝土石子等杂物，防止扎坏防水层。

11　地下室外墙的止水穿墙螺栓孔需及时修补，完成后才可进行外墙防水层施工。

12　迎水面外墙施工的立墙防水卷材的甩槎部分一定要保护好，防止碰坏或损伤，以便立墙防水层的搭接。

13　车库、地下室外墙防水层施工完成后，应及时做好保护层，车库、地下室外墙外贴防水材料的保护层有 3 种做法，即砖保护墙法、软保护层法和水泥砂浆保护层法。车库、地下室外墙防水软保护层法宜采用挤塑型聚苯乙烯泡沫塑料板等软保护，如图纸设计要求采用挤塑板作为防水保护层，则必须采用强度满足要求、阻燃性较好的板材。

14　车库、地下室应及时进行回填土施工，回填土施工应确保回填土料的质量，严禁回填土中掺杂尖锐性杂物、石块等重物，避免引起防水层破坏；回填土应分层夯实，每层回填土厚 0.5m，严禁回填土只进行表面夯实，防止因回填土方不密实引起不均匀沉降而致使防水层拉裂。

15　车库、地下室外墙立面防水层施工至顶部时，应翻过平面长度不小于 300mm，并用压条固定。

16　卷材、涂膜与刚性防水层复合施工时，底层的防水卷材或防水涂膜验收合格后，方可施工上面的刚性防水层。

7.2.4 预铺防水卷材的成品保护

预铺防水卷材施工的关键在于预铺防水卷材的成品保护，特别是在底板钢筋施工时尤其要注意。

1 预铺防水卷材施工前应按照相关方案做好预铺防水卷材的成品保护交底，预铺防水卷材的成品保护措施未做到位，不得进行下一道工序施工。

2 预铺防水卷材应合理安排施工流水段，钢筋尽量堆放在防水卷材外，上料钢筋尽量不要摆放在预铺防水卷材上，钢筋堆放点应用木方等垫好，避免钢筋扎破预铺防水卷材；进行钢筋吊运时应缓缓放下，避免钢筋放下时冲击预铺防水卷材。

3 水平运输时亦应遵循轻拿轻放的原则，人工搬运钢筋时，不能在防水层上拖动，避免破坏预铺防水卷材。

4 绑扎钢筋时，采用混凝土垫块时需在其下增设 100mm×100mm 卷材增强层，钢筋施工过程中，如需移动钢筋而使用撬棍时，应在其下设垫木保护，以免破坏预铺防水卷材。

5 基础钢筋上如有电焊作业时，需在焊接操作面下设接火盆或防火垫，以避免电焊火花将防水层烧坏。焊接前应做好动火审批，准备好灭火器等消防用品。

6 在施工过程中，如不慎破坏了防水层，应及时进行修补。

7.3 使用过程中地下室防水工程的维护管理

7.3.1 钢筋混凝土底板渗漏

1 原因分析

（1）地下室底板没有按要求设计迎水面防水，使用不合格的防水材料，拉伸性能等指标达不到要求，未按规范要求设置后浇带，建筑物不均匀沉降，防水层被拉裂。

（2）大体积混凝土承台底板混凝土未按大体积混凝土要求设计配合比，施工中未按要求控制温差，由于混凝土配合比不合理及环境温差导致水化热过高，引起钢筋混凝土结构开裂，形成渗漏通道。

（3）混凝土浇筑过程中产生冷缝，继续浇筑前未对冷缝进行处理。浇筑混凝土时，未按要求分层浇筑，混凝土振捣不到位，导致混凝土不密实，产生渗漏。

（4）混凝土养护不及时、养护方法不当或者未进行二次压光导致钢筋混凝土底板出现收缩裂缝。

（5）拆模时混凝土强度未达到规定要求，或是过早上荷载导致钢筋混凝土底板产生裂缝。

（6）防水层施工前未清理干净基层的浮尘、杂物、积水，地下室降水不到位，作业面有明水，为赶工期强行施工防水层；未按规定涂刷基层处理剂，导致防水层与基层粘结不良，造成空鼓。

（7）基层含水率过高，防水涂膜未干就涂刷上层涂料，受热时水分蒸发而水汽无法排出，造成涂膜防水层空鼓。

（8）防水层厚度不足或不均匀，细部节点防水加强层处理未满足要求。

（9）防水层基层强度不够，表面起砂、开裂，基层的阴阳角未做圆弧、未设置防水附加层，防水层易开裂。

（10）卷材翘边、起皱导致施工中起鼓，基层胶粘剂与卷材不匹配，或铺贴工艺不合理，导致卷材铺贴不严密，造成空鼓。

（11）柔性防水层施工完成后因成品保护不到位致使柔性防水层开裂。

（12）防水卷材接头处粘结不严、搭接宽度不够，卷材铺贴后搭接部位未进行辊压，导致粘结不严；卷材在运输及堆放过程中平放，由于挤压导致出现折角，铺贴时无法粘结牢固。

2 预防措施

（1）地下室底板抗渗等级应符合设计及规范要求，宜在迎水面设置外防水层。

（2）按大体积混凝土要求设计配合比，预拌混凝土应控制入模温度，大体积混凝土施工中严格控制内外温差，降低水化热。

（3）预拌混凝土应检查入模坍落度，取样频率同混凝土试块，但对坍落度有怀疑时应随时检查，并做好检查记录。严禁现场加水改变水灰比，提高混凝土的坍落度。

（4）混凝土浇筑前应做好人员、材料、设备的准备工作，合理组织施工，避免出现冷缝。

（5）混凝土浇筑完毕后12h以内进行养护，应优先采用蓄水养护；混凝土强度达到1.2N/mm^{2}后方可堆放材料。

（6）模板拆除时间应符合规范要求，拆除时混凝土强度以同条件养护试块强度为判断依据。

（7）应安排专人了解天气情况，合理安排混凝土浇筑时间。

（8）基层应平整、干燥、清洁，且应具有足够强度，不起砂、不开裂；基层的阴阳角应做成圆弧，圆弧半径≥50mm；基层处理剂应涂刷均匀，不得露底，表面干燥后方可施工防水层；阴阳角及变形缝等部位应增设防水附加层，附加层检查验收合格后方可进行大面积防水施工。

（9）防水材料储存环境应符合产品说明书要求，卷材运输时要防止侧斜和横压，在现场贮存时应按规格型号分别直立整齐堆放，且不超过两层；基层处理剂、胶粘剂、密封材料等均应与铺贴的卷材相匹配；防水材料进场需组织验收，并见证取样，送检合格后方可使用。

（10）防水涂膜的配比应符合产品说明书要求，防水涂膜应分层涂刷，涂刷应均匀，不得漏刷、漏涂，待先涂刷的涂料干燥成膜后，方可涂刷后一遍涂料。

（11）卷材表面不得翘边、起皱，卷材施工时应辊压排气，使卷材与基层粘贴牢固；自粘卷材铺粘时，应将自粘胶底面的隔离层完全撕净，如环境温度过低时，可适当加热；冷粘法铺贴卷材时，卷材及接缝部位应采用专用胶粘剂或胶粘带满贴，材性与卷材相匹配，接缝处应用密封材料封严，其宽度不应小于10mm；热熔法铺贴卷材，卷材接缝部位应溢出热熔的改性沥青胶，立即滚铺，排除卷材下面的空气，并粘贴牢固。

（12）卷材的搭接宽度应根据规范及产品说明书确定，铺贴前根据卷材宽度及搭接宽度在基层上弹线并复核，确保搭接宽度满足要求；铺贴双层卷材时，上下两层和相邻两幅卷材的接缝应错开1/3～1/2幅宽，且两层卷材不得相互垂直铺贴。

（13）防水层施工完后应及时施工保护层，在养护期不得上人行走、堆放材料。

（14）地下室防水层施工期间，地下水位应降至垫层底以下不少于500mm处，直至施工完毕。

（15）严禁在雨天、雪天、五级及以上大风时施工。

3 维修施工

地下室底板渗漏宜用高压灌浆堵漏，堵漏前必须进行现场查勘，摸清现场施工情况，分析渗漏水的原因，查清漏水部位、裂缝、裂纹或穿孔的宽度、长度、深度和贯穿情况，并了解雨天和晴天的漏水情况，测量漏水的流量与流速等，通过充分调查，正确拟定堵漏方案，做好技术、材料、机具、人员等各项准备工作。

高压灌浆堵漏利用机械的高压动力，将水溶性聚氨酯化学灌浆材料注入混凝土裂缝中，当浆液遇到混凝土裂缝中的水分会迅速分散、乳化、膨胀、固结，这样固结的弹性体填充混凝土内的裂缝，将水流堵塞在混凝土结构体之外，以达到止水堵漏的目的。

聚氨酯类堵漏浆料一般由甲苯二异氰酸酯和水溶性聚醚进行聚合反应而成的高分子化合物，浆液在注入漏水裂缝中与裂缝的水产生化学反应并膨胀凝固，通过堵塞渗漏通道，达到堵漏修漏之目的。由于水参与了反应，浆液不会被水稀释冲走，浆液在压力作用下，灌入混凝土缝隙或孔洞，同时向缝隙周围渗透，继续渗入混凝土缝隙，最终形成网状结构，成为密度小，含水的弹性体，有良好的适应变形能力，止水性能良好。

堵塞混凝土漏水通道的聚氨酯凝结体在长期有水的地方是比较稳定的，而在屋面混凝土结构缺陷内的泡沫状凝固体却伴随着天气的变化而变化。即雨天遇水膨胀，晴天干燥收缩。一段时间后，便失去止水性能，很多屋面注浆堵漏当时效果很好，过段时间又出现渗漏，多因采用水溶性聚氨酯化学灌浆材料所致。因此，在屋面、墙体灌注浆堵漏中多用普通丙烯酸酯类浆料，效果较好，普通丙烯酸酯类浆料灌注时漏浆容易封堵，其干燥后凝结成橡胶状弹性固结体，性能稳定。

（1）配制注浆液：采用经计量准确的计量工具，按照设计配方配料。

（2）首先找出地下室底板的裂缝漏水点，沿漏水点周围 500mm 处将面层、砂浆层铲除，露出混凝土结构层。

（3）用钢刷子将漏水缝（点），刷干净，表面不得有浮尘，砂子等。

（4）将所有裂缝及漏点先用渗透结晶型防水堵漏砂浆勾缝封堵。

（5）布点：在布孔点部位打孔，布置注浆嘴，对接注浆机。

（6）把注浆液搅拌均匀开始注浆，混凝土结构裂缝，蜂窝状缺陷渗漏水用（非）水溶性聚氨酯灌注浆堵漏修补，灌注浆压力用 0.3MPa 加漏水压力为宜。

（7）注浆结束后用渗透结晶型防水堵漏砂浆封孔。

（8）注浆：根据要求，严格控制每孔注浆量、提升速度、注浆压力，注浆还应密切关注浆液流量。

（9）经检查无漏水现象时，卸下注浆头，用涂刷渗透结晶型防水涂料等材料将注浆孔抹平。

（10）进行灌注施工时，为确保安全需戴手套及防护眼镜，使用厂商配套的注浆头及相关配件。

（11）每次施工完成后，若无连续灌浆需要应及时将机器清洗干净。

（12）面层恢复：蓄水试验无渗漏后恢复面层。

7.3.2 地下室后浇带渗漏

1 原因分析

（1）地下室后浇带部位无防水加强附加层或防水加强附加层水平宽度不够。

（2）地下室后浇带止水钢板或止水条安装不连续；止水钢板接缝焊接搭接长度不足，未采用双面焊接，或焊缝质量差；止水条采用搭接连接时，搭接长度不足。

（3）未严格按设计及规范要求的时间间隔封闭后浇带，高层建筑后浇带两侧有沉降差时，沉降未稳定时提前浇筑后浇带混凝土，后浇带两侧混凝土继续收缩或两侧结构不均匀沉降导致后浇带开裂。

（4）后浇带混凝土施工前未凿毛或凿毛时未凿除表面松动石子和浮浆层，特别是底板后浇带止水钢板以下的部位容易遗漏。

（5）后浇带浇筑混凝土前，新旧混凝土交接处未冲洗干净，未刷水泥浆，后浇带有垃圾、木屑、渣滓、积水等。

（6）后浇带混凝土未使用比原混凝土高一等级的补偿收缩混凝土。

（7）后浇带浇筑混凝土时漏振或振捣不密实。

2 预防措施

（1）后浇带采用补偿收缩混凝土，强度等级比两侧混凝土提高一级。

（2）后浇带宜设置防裂钢筋，增加构造筋，提高抗裂性能，在地下室外墙水平筋应尽量采用小直径、小间距，有效提高抗裂性能。基础底板后浇带钢筋宜采用 100％搭接，方便后浇带清理。

（3）后浇带防水层施工时应增设防水附加层。

（4）后浇带宜优先采用止水钢板。止水钢板厚度不应小于 3mm，宽度不应小于 300mm 且应满足规范及设计要求。止水钢板两侧弯折角度应为 135 度，不得采用生锈、厚度不足、有裂纹的止水钢板。

（5）后浇带处应预埋止水钢板或安装遇水膨胀止水条。止水钢板安装应居中，翘曲面应面向迎水面安装，固定牢固；钢板接缝焊接搭接长度不得小于20mm，必须采用双面焊接，焊缝要求饱满、无夹渣、砂眼，焊缝处钢板无变形、无翘曲。中间不得有空鼓、脱离等现象。

（6）选用的遇水膨胀橡胶止水条应具有缓胀性能，其 7d 的膨胀率应不大于最终膨胀率的 60％。止水条安装前必须先将预埋的木条剔凿干净；止水条应牢固地安装在后浇带内，与基面应密贴，在清理好的预埋槽内满涂胶粘剂，然后将止水条安放进去，用手压实，中间不得有空鼓、脱离等现象；止水条采用搭接连接时，搭接长度不得小于 30mm。

（7）后浇带混凝土浇筑前应先将旧混凝土层凿除，要凿除混凝土表面浮浆和松弱层，露出混凝土内石子粒径不少于 1/3。凿毛后应用清水冲洗干净，混凝土浇筑前不得有明水。

（8）后浇带两侧的接缝表面、快易收口网内杂物清理干净后，涂刷混凝土界面处理剂或水泥基渗透结晶型防水涂料。

（9）后浇混凝土的浇筑时间应符合设计要求，若设计无具体要求，收缩后浇带应在两侧混凝土浇筑 45d 后浇筑，沉降后浇带应在主体结构封顶后且两侧差异沉降趋于稳定时才能浇筑。

（10）地下室底板后浇带混凝土浇筑前，必须将后浇带内明水抽取干净，浇筑方向应从离集水坑最远的一端开始，浇筑过程中集水坑内应设置水泵连续排水。

（11）后浇带混凝土振捣应先采用振动棒振捣，后再采用平板振动器振捣。后浇带混凝土要振捣到位，振捣要密实，严禁漏振。特别注意新旧混凝土交界部位及止水带下口处的混凝土振捣。

（12）后浇带混凝土应一次浇筑，不得留施工缝；混凝土浇筑后应及时养护，养护时间不得少于 28d。

3 维修施工

（1）清除后浇带渗漏处附近的面层。

（2）清理结构表面缺陷，将所有疏松结构清除，冲洗干净。

（3）基层表面的突出部分应凿除，混凝土基层中若残留有螺栓、钢筋头等突出物，则应在其周围向内刨出圆锥形足够深度的底部割断，再按照上述的规定，用水泥基渗透结晶型防水材料半干料团填平、捣实、压光。

（4）若混凝土基层有不小于 0.4mm 宽度的裂缝时，则应沿裂缝方向凿成 U 形槽，除净槽内碎渣，润湿而无明水后，在槽内及周边连续涂刷浆料至初凝后，用水泥基渗透结晶型防水材料半干料填平捣实。

（5）地下室后浇带渗漏通常采用注浆处理后涂刷渗透结晶型防水涂料的施工方法，参见本章"7.3.1 钢筋混凝土底板渗漏"的维修施工方法。

7.3.3 地下室外墙止水螺杆部位渗漏

1 原因分析

（1）止水螺杆中间止水片过小、厚度不足：止水片焊缝不饱满，局部有砂眼。

（2）止水片表面未清理干净，有严重浮皮、锈污等。

（3）拆模过早，拆模过程中止水螺杆受到扰动导致止水螺杆与外墙之间产生微裂缝，形成渗水通道。

（4）混凝土浇筑过程中，振捣棒碰撞止水螺杆，导致止水螺杆受到破坏。

（5）地下室外墙螺杆周边剔凿后，未采用防水砂浆进行封堵、封堵不饱满或未刷防水涂膜。

2 预防措施

（1）所有地下室外墙对拉螺杆均应采用止水螺杆。

（2）止水片应用厚度不小于 3mm 的钢板制作，尺寸不小于 50×50mm。

（3）螺杆部位封堵材料应采用聚合物防水砂浆。

（4）止水螺杆上的止水片必须双面满焊，需经验收合格后方可使用。

（5）止水螺杆上的止水片应居中设置。

（6）混凝土振捣时振捣棒避免碰撞止水螺杆。

（7）地下室外墙混凝土达到一定强度后方可拆模，模板拆除过程应避免对止水螺杆造成扰动。

3 维修施工

（1）在地下室内墙处将渗漏的穿墙螺杆孔渗漏部位用人工凿成喇叭形，喇叭口深度不小于 30mm，直径不小于 50mm。

（2）将喇叭口混凝土清理干净，湿润后，用聚合物防水砂浆封堵混凝土墙内侧喇叭口，表面抹平压光。

（3）封堵的孔洞周边涂刷不小于 1.0mm 厚聚合物水泥防水涂料防水层，涂刷范围应大于孔洞周边 80mm；封堵完工后，应进行现场淋水试验，不得有渗漏现象。

（4）亦可时采用注浆处理后涂刷与渗透结晶型防水涂料结合的施工方法。

（5）面层恢复。

7.4 使用过程中外墙防水功能的维护管理

7.4.1 外墙施工孔洞封堵不严引起的渗漏

1 原因分析：

（1）封堵施工孔洞时．洞口内的杂物清理不干净，封堵不实。

（2）封堵材料选用不当。

（3）采用细石混凝土封堵施工孔洞时，用钢丝对拉模板，拆模后钢丝留在墙体内形成渗漏通道。

（4）施工时孔洞处混凝土面未凿毛或凿毛不规范，新旧混凝土交界处未涂刷水泥浆或涂刷不均匀。

2 预防措施：

（1）当施工孔洞尺寸≤80mm 时，封堵材料选用干硬性水泥砂浆（添加防水剂及膨胀剂）。

（2）当施工孔洞＞80mm 时，封堵材料优先选用比原结构混凝土高一强度等级的微膨胀细石混凝土。

（3）外墙孔洞封堵施工时，必须先将孔洞内的杂物清理干净，封堵严实。

（4）细石混凝土封堵施工孔洞时，洞口应先凿毛，清洗干净，并均匀涂刷水泥浆一道。两侧支模且下料口模板高出洞口，严禁采用钢丝对拉模板；混凝土浇筑前应充分润湿模板，浇灌混凝土时需插捣密实；拆模后，人工用錾子凿除表面凸出的多余混凝土，并修补平整；封堵的孔洞处涂刷不小于 1.0mm 厚聚合物水泥防水涂料防水层，涂刷范围应大于孔洞周边 80mm；封堵完工后，应进行现场淋水试验，不得有渗漏现象。

（5）外墙穿墙螺杆孔外侧用人工凿成喇叭形，喇叭口深度不小于 30mm，直径不小于 50mm，将喇叭口内外露的螺杆头割除，提前将喇叭口混凝土清理并湿润后用聚合物防水砂浆封堵挡土墙内外侧喇叭口，表面应抹平压光。

3 维修施工

（1）为了减少对周边面砖、砂浆的破坏，用切割机将渗漏范围周边 300～500mm 面层及砂浆与完好部分切开，然后再用錾子或电锤将渗漏范围的面层、粘接层以及砂浆找平层等凿除，直至墙体结构层。

（2）清理基层，聚合物防水砂浆封堵混凝土墙外侧喇叭口，按预防措施对外墙孔洞进行封堵。

（3）若渗漏处多时，亦可采用注浆处理后涂刷聚合物防水砂浆的施工方法。

（4）涂料墙面恢复：涂刷聚合物防水涂料或高分子益胶泥，之后均匀涂刷与原外墙颜色一致的外墙涂料。

（5）面砖墙面恢复：采用与原墙面颜色、品种规格一致的面砖用高分子益胶泥或聚合物水泥防水砂浆粘贴。

（6）清理面砖表面浮灰、污垢，清洗后在渗漏修补处周边 600～1000mm 范围的面砖外墙上均匀喷涂一遍主要成分为聚硅氧烷的透明防水剂，在外墙饰面砖上形成憎水保护层，防止雨水的渗入。

7.4.2 外窗框与窗边墙体接缝处出现渗漏、上下窗台出现渗漏

1 原因分析

（1）因结构留洞尺寸不准确造成结构与窗框间缝隙过大，难以保证塞缝质量。

（2）外窗为凸窗且上部设有空调位的，凸窗顶板未向外找坡或找坡层与窗边收口未一次施工，抹灰接槎处形成渗水通道。

（3）凸窗侧壁施工质量控制不好。采用砌体时，顶头砖砂浆不饱满及勾缝不到位；采用混凝土时，二次结构施工时侧壁顶部浇筑不密实，导致窗边渗漏。

（4）外窗楣未做鹰嘴、滴水线（槽），或鹰嘴坡度小，滴水线宽度、深度不足，未起到截水作用。

（5）窗台未向外找坡，导致窗边积水形成渗漏。

（6）未严格按使用说明配制塞缝聚合物防水砂浆。

（7）窗框安装时使用的木垫块在塞缝时没有拆出，或窗边塞缝砂浆填塞不密实，尤其是金属固定片与结构之间的夹角缝隙处塞缝砂浆填塞不密实。

（8）外窗塞缝及养护完成后，外侧未做防水层或防水层做法不符合细部做法要求。

（9）铝合金材料选用不满足设计要求，刚度不够；铝合金窗制作和安装时存在缺陷，由于本身存在拼接缝隙，形成渗水通道。

（10）铝合金窗框未留设泄水孔或泄水孔过小、泄水孔堵塞，导致窗框内的水不能及时排出。

（11）铝合金窗框与窗边墙体接缝处未留缝亦未用防水密封胶填缝封闭，外窗框与窗边墙体接缝处出现裂缝，在风压中心，雨水沿缝隙渗入室内，引起渗漏；窗缝打胶不严、密封材料品质差，易老化变形。

2 预防措施

（1）外窗楣的抹灰或饰面砖应做成鹰嘴或滴水线（槽），外窗台必须向外找坡。

（2）窗洞口两侧须按要求设置预制混凝土砌块，洞口宜深化为四周混凝土抱框。

（3）外窗框底部应设计有泄水孔，泄水孔大小满足要求。

（4）不得使用贯通式金属固定片固定窗框，窗框的金属固定片宜采用两段式内外错位设计，避免形成贯通式的渗水通道。

（5）外窗边应设计聚合物水泥基防水层，防水层应分层涂刷避免一次成型，涂刷厚度不得小于 1.2mm。

（6）塞缝材料宜使用不低于 M5 的成品聚合物干粉砂浆，并调制成干硬性防水砂浆，手抓成团，落地散开。

（7）聚合物水泥基防水涂料应送检合格后方可使用，现场配制比例必须符合产品使用说明书的要求。

（8）窗边使用耐候胶打胶应符合现行国家标准《硅酮和改性硅酮建筑密封胶》GB/T 14683 的相关规定，现场取样送检合格后方可使用。

（9）进场的窗框除了应检查窗框尺寸以及是否有损坏情况外，还必须检查泄水孔的留设是否有遗漏，如有遗漏必须通知专业分包单位进行整改，未整改补设泄水孔的窗户不得安装。

（10）凸窗侧壁如为砌体，顶头砖应在填充墙砌筑 14d 后进行，且砂浆饱满，勾缝密实；如为混凝土，宜深化随主体结构一次性浇筑，如不能一次浇筑时，在二次施工时必须在上口留设喇叭口，以确保上口混凝土浇筑密实，同时侧壁周边新旧混凝土交界处应进行凿毛处理，减小渗漏隐患。

（11）窗洞口两侧应留设混凝土砌块，窗框不得固定在普通砌块上。如采用副框时，严格按设计安装点将主框与副框用螺钉连接牢固，主框与副框的空隙必须用聚氨酯发泡剂填塞，并在内外两侧打胶。

（12）外窗楣的抹灰或饰面砖必须做成鹰嘴或滴水线（槽），外窗台必须向外找坡，坡度≥20％。

（13）塞缝砂浆必须严格按使用说明配置，不得随意改变施工配比。塞缝应由具有丰富经验的专人负责，项目部技术人员应组织其进行专项技术交底。施工时在窗口与结构缝隙间填入砂浆，然后在窗框两侧对压，挤压密实，尤其是金属固定片与结构之间的夹角缝隙处应重点填压；塞缝时，需要将安装窗户时固定用的临时木垫取出。

（14）遇到凸窗且上部有百叶的，需要重点控制，百叶内板面做好坡向避免积水，百叶立杆处应采用聚氨酯防水涂料做防水加强处理，如果立杆是内空的，还应对立杆根部的内空进行注胶填封，百叶内的凸窗顶板应向外找坡且找坡层与外立面装修材料的收边应搭接，避免在凸窗顶板面留下不同材料的交接缝。

（15）施工人员应仔细核查每一扇窗的窗缝是否使用耐候胶打胶到位。

（16）待塞缝防水砂浆养护完成后，如窗框四周表面不平整应采用防水砂浆修补找平，然后对外侧窗框四周均匀涂刷 1.2mm 厚聚合物水泥基防水涂膜（配合比必须符合产品使用说明书的要求），涂刷遍数不少于两遍，涂膜必须压住铝框边不小于 5mm，并至窗洞口外边不小于 50mm。涂膜表面应密实无气孔。防水涂膜应浇水养护，养护时间不少于 7d。

3　维修施工

（1）为了减少对周边面砖、砂浆的破坏，用切割机将外侧窗框周边 3～5 块面砖宽度或周边 300～500mm 涂料及砂浆与完好部位切开，然后再用凿子或电锤将窗框周边的面砖或涂料、粘接层以及砂浆找平层等凿除，直至墙体结构层。

（2）沿窗框与墙体连接处剔槽，剔槽深度 20～30mm，清理干净后用防水堵漏宝封堵严实。

（3）若基层为砌体结构，基层清理后提前湿润，挂网抹聚合物防水砂浆；若基层为混凝土墙面，基层清理修补后涂刷聚合物水泥防水砂浆，增强基面强度及抗渗强度。

（4）涂料墙面恢复：涂刷聚合物防水涂料或高分子益胶泥，之后均匀涂刷与原外墙颜色一致的外墙涂料。

（5）面砖墙面恢复：采用与原墙面颜色、品种规格一致的面砖用高分子益胶泥或聚合物水泥防水砂浆粘贴。

（6）清理面砖表面浮灰、污垢，清洗后在窗框周边 600～1000mm 范围的面砖外墙上均匀喷涂一遍主要成分为聚硅氧烷的透明防水剂，在外墙饰面砖上形成憎水保护层，防止雨水的渗入。

7.4.3　女儿墙根部渗漏

1　原因分析

（1）钢筋混凝土女儿墙不是一次浇筑，女儿墙水平施工缝位置留设不合理，位于屋面构造层完成面标高以下。

（2）女儿墙为砌体结构，且墙体根部未设置与屋面结构同时浇筑的混凝土反坎，止水效果差。

（3）女儿墙施工缝凿毛不认真，或后浇混凝土的浇筑质量差，在女儿墙根部形成渗水通道。

（4）女儿墙泛水处涂料未做防水增强层，卷材未做防水附加层。

（5）女儿墙泛水处的防水层未铺贴或涂刷至压顶下，且收头不符合现行相关标准的要求。

（6）女儿墙泛水处防水层收头不严或防水收头老化失效，雨水透过防水收头、老化防水层和混凝土渗水通道渗到女儿墙外。

2　预防措施

（1）女儿墙宜全部设计为现浇钢筋混凝土结构，屋面结构板以上不小于600mm 高的墙体混凝土应与屋面板同时浇筑。如女儿墙设计为砌体墙时，墙体根部也应设置不小 600mm 高钢筋混凝土反坎，反坎应与屋面板同时浇筑。

（2）女儿墙泛水卷材保护层宜采用砌体砌筑，当采用水泥砂浆作为防水保护层时，应掺抗裂纤维，并满挂玻纤网。

（3）女儿墙上防水层收头距屋面最终完成面不应小于 300mm。

（4）防水卷材可选用合成高分子防水卷材或高聚物改性沥青防水卷材，其外观质量和品种、规格应符合国家现行有关材料标准的规定。

（5）种植屋面应选用耐根穿刺防水卷材。

（6）卷材防水层的最小厚度应根据屋面防水等级、选用材料种类确定。

（7）女儿墙混凝土浇筑：女儿墙随屋面梁板混凝土一次浇筑高度不少于600mm，应采用振动棒振捣，振动棒插入点水平间距不大于 400mm，不得漏振，确保女儿墙混凝土浇筑密实。

（8）防水层施工前，应做好基层的检查验收；屋面板结构须先做闭水试验；女儿墙压顶横向坡度不小于 6%且应向内倾斜；应检查女儿墙上防水层收头的凹槽或飘线质量、并把女儿墙根部作为渗漏情况检查的重点部位，若发现渗漏，应制定专门的修补措施并经技术负责人同意后实施。

（9）女儿墙立面防水层施工前，应先施工墙根阴角部位防水附加层，附加层在平面和立面的宽度均不小于 250mm。

（10）涂膜的泛水端头应每遍退涂 20～30mm，泛水立面铺贴防水卷材时应采用满粘法，并压入墙体凹槽或飘线底采用金属或塑料压条钉压固定，钉距不宜大于 300mm，端头用密封材料密封。女儿墙根部与平面层交接处设水平分隔缝、女儿墙泛水飘线以下立面应设置竖向分格缝。

（11）防水层施工完成后进行淋水、蓄水试验，确保无渗漏。

3　维修施工

（1）女儿墙立墙与屋面基层的连接处卷材开裂、张口、脱落，割除原有卷材，清除原有的胶粘和密封材料、水泥砂浆层，露出坚实的混凝土基层。

（2）清理结构表面缺陷，将所有疏松结构清除，表面突出部分剔平，用防水砂浆填平压实。

（3）干燥后涂刷一道基层处理剂，基层处理剂涂刷应均匀，不露底，不堆积。

（4）女儿墙根阴角部位施工防水加强层，防水加强层在平面和立面的宽度均不小于 250mm。

（5）重新满粘卷材，卷材压入墙体凹槽或飘线底采用金属或塑料压条钉压固定，钉距不宜大于 300mm，端头用密封材料密封，上部应采用金属板材进行覆盖，并应钉压固定，用密封材料密封。

（6）女儿墙外侧将渗漏点周边的面砖或涂料、粘接层以及砂浆找平层等凿除，直至墙体结构层。

（7）若基层为砌体结构，基层清理后提前湿润，挂网抹聚合物防水砂浆；若基层为混凝土墙面，基层清理修补后涂刷聚合物水泥防水砂浆，增强基面强度及抗渗强度。

（8）涂料墙面恢复：涂刷聚合物防水涂料或高分子益胶泥，之后均匀涂刷与原外墙颜色一致的外墙涂料。

（9）面砖墙面恢复：采用与原墙面颜色、品种规格一致的面砖用高分子益胶泥或聚合物水泥防水砂浆粘贴。

（10）面砖墙面清理表面浮灰、污垢，清洗后在渗漏修补处周边 600～1000mm 范围的面砖外墙上均匀喷涂一遍主要成分为聚硅氧烷的透明防水剂，在外墙饰面砖上形成憎水保护层，防止雨水的渗入。

7.5 使用过程中室内防水工程的维护管理

7.5.1 卫生间降板或墙体根部渗漏

1 原因分析

（1）结构施工时，降板位置吊模支撑（钢筋马凳）直接落在底板模板上。

（2）固定侧模用的钢丝贯穿沉箱侧壁且无法拆除，形成渗水通道。

（3）卫生间反坎未随主体结构同时浇筑，且在二次浇筑前未凿毛或者凿毛、刷浆等工序施工质量差，导致渗漏。

（4）混凝土浇筑过程中，卫生间降板侧壁、上部墙体反坎振捣不密实，造成渗漏。

（5）卫生间穿板（墙）管的套管未设置止水环，管道安装及封堵工序施工质量差，导致渗漏。

（6）卫生间防水层厚度不足或防水材料不合格、配比不合理造成防水层的耐久性达不到要求。

（7）降板底部未向地漏找坡、找坡坡度不符合设计要求，导致积水渗漏。

（8）大降板卫生间未设置侧排地漏或地漏最低点高于地面。

（9）给水管从卫生间门底部穿过，无法做防水处理。

2　预防措施

（1）卫生间墙体根部应设计混凝土反坎，且混凝土反坎高度应满足防水构造要求，一般反坎高度不低于200mm，厚度同墙厚，宜与主体结构同时浇筑；确实无法整体浇筑时，应在支模前对反坎部位充分凿毛，凿毛面积不得少于95%，凿毛深度以露出半石子为宜。

（2）施工中降板部位侧模支撑（钢筋马凳）不得直接置于模板上，下部应设置垫块；严禁采用钢丝贯穿沉箱侧壁固定侧模。

（3）混凝土浇筑前应做好交底，浇筑过程中加强监督，确保卫生间降板侧壁、上部墙体反坎混凝土振捣密实，不得出现漏振现象。

（4）卫生间穿板立管处埋设套管时，必须使用带有止水环的套管。

（5）卫生间防水层施工前，应先将楼板四周清理干净，阴角处做圆弧，防水层的上返高度应高出最终完成面300mm以上。管道根部、转角处、墙根部位应做防水附加加强层。

（6）卫生间防水层施工应分层进行，每层涂膜厚度要均匀，涂刷方向要一致，不得漏涂。按要求进行验收，确保防水层厚度。

（7）卫生间结构施工完成后应做结构蓄水试验，防水层施工完成后再次进行蓄水试验，确保无渗漏。

（8）地面找平层朝地漏方向坡度为1%～3%，地漏口标高应低于相邻地面标高5～20mm。

（9）大降板式卫生间应设置侧排地漏，且地漏底部不得高出结构面。

（10）给水管安装应避开卫生间门底部。

7.5.2　卫生间周边墙面发霉、地板空鼓

1　原因分析

（1）卫生间防水层厚度未达到设计要求，地面防水层未沿墙上翻到设计高度。

（2）卫生间未做混凝土反坎或反坎未随主体结构同时浇筑。

（3）卫生间墙面与地面转角处做成圆弧形，涂料未做防水增强层。

（4）卫生间地砖粘贴采用干硬性砂浆。

2　预防措施

（1）卫生间墙体根部应设计混凝土反坎，且混凝土反坎高度应满足防水构造

要求，一般反坎高度不低于 200mm，厚度同墙厚，宜与主体结构同时浇筑。

（2）卫生间防水层施工前，应先将楼板四周清理干净，阴角处做圆弧，防水层的上返高度应高出最终完成面 300mm 以上。

（3）卫生间墙面与地面转角处做成圆弧形，管道根部、转角处、墙根部位应做防水附加加强层。

（4）卫生间地面铺贴地砖不得采用干硬性砂浆，应采用聚合物防水砂浆满浆粘贴。

3　维修施工

（1）为了减少对周边面砖、砂浆的破坏，应在确定维修范围后，用切割机将卫生间地面周边300～600mm 地砖、砂浆与完好范围切开，卫生间地面以上300～600mm 墙面面砖、砂浆与完好范围切开，然后再用凿子或电锤将墙砖、地砖、找平砂浆凿除，直至结构层。

（2）用切割机将卫生间外发霉的客厅、房间墙面、空鼓的地板与完好部分切开，然后再用凿子或电锤将墙面发霉、地板空鼓的部分进行凿除，直至结构层。

（3）地面用聚合物水泥砂浆找平、找坡，墙面用聚合物水泥砂浆或高分子易胶泥抹平。

（4）卫生间门槛与墙面、地面结合处打胶处理，胶缝均匀。

（5）恢复卫生间地面的面砖、墙砖，客厅及房间的涂料。

7.6　使用过程中屋面防水工程的维护管理

7.6.1　钢筋混凝土屋面板渗漏

1　原因分析

（1）由于混凝土配合比不合理或环境温差引起钢筋混凝土屋面板开裂，形成渗漏通道。

（2）混凝土浇筑过程中产生冷缝，继续浇筑前未对冷缝进行处理。

（3）斜屋面施工难度大，因混凝土流淌或振捣不到位，导致混凝土不密实，产生渗漏。

（4）混凝土养护不及时、养护方法不当或者未进行二次压光导致钢筋混凝土屋面板出现收缩裂缝。

（5）拆模时混凝土强度未达到规定要求，或是过早上荷载导致钢筋混凝土屋面板产生裂缝。

（6）屋面板转角处未设计放射筋或施工过程中漏设放射筋。

（7）板负筋在混凝土浇筑过程中下沉，保护层过大，易开裂。

（8）出屋面管道未埋设止水套管，或管洞封堵不严。

（9）使用不合格的防水材料，拉伸性能等指标达不到要求，导致开裂，种植屋面未选用耐根穿刺防水材料，植物根系穿透防水层。

2 预防措施

（1）屋面板应采用抗渗混凝土，抗渗等级应符合设计要求，屋面板转角处应按规范要求设置放射筋。

（2）预拌混凝土应检查入模坍落度，取样频率同混凝土试块，但对坍落度有怀疑时应随时检查，并做好检查记录。严禁现场加水改变水灰比，提高混凝土的坍落度。

（3）混凝土浇筑前应做好人员、材料、设备的准备工作，合理组织施工，避免出现冷缝。

（4）屋面混凝土采用振动棒振捣完毕后，应再采用平板振动器进行复振，在混凝土终凝前应进行表面二次抹压。

（5）混凝土浇筑完毕后 12 小时以内进行养护，应优先采用蓄水养护；混凝土强度达到 $1.2N/mm^2$ 后方可堆放材料。

（6）模板拆除时间应符合规范要求，拆除时屋面板混凝土强度以同条件养护试块强度为判断依据。

（7）雨期施工应事先了解天气状况，合理安排混凝土浇筑时间。

（8）出屋面管道应预埋防水套管，穿过防水层管道处的找平层应从管道根部向外做排水坡度，距离管道周边 100mm 范围内，找平层应抹出高度不小于 30mm 的圆台，且圆台排水坡度不小于 5％。

（9）管道周围与找平层和细石混凝土保护层之间，应预留宽 10mm、深 20mm 的凹槽，应用密封材料嵌填严密。

（10）附加涂料增强层应涂向管壁，厚度不应小于 2mm，宽度和高度均不应小于 300mm，防水层与管壁应粘牢，管道上的卷材防水层收头处，应用金属箍箍紧，并用密封材料封严，管道周边应设置保护层。

（11）当管道穿越的屋面为普通屋面时，穿出上人屋面的透气管套管高出屋面完成面高度 $h=800mm$，穿屋面给排水管套管高出屋面完成面高度 $h=300mm$，当管道穿越的屋面为种植屋面时，穿屋面透气管套管高出覆土面高度 $h=800mm$，穿屋面给排水管套管高出覆土面高度 $h=300mm$。

（12）屋面竖向管道及水平管道支架根部需做护墩。护墩顶面应向外 10％ 找坡，水泥砂浆顶面应密实平整，收压抹光。护墩与管道、支架结合处打胶处理，胶缝均匀。

3 维修施工

（1）割除原有卷材，清除原有的胶粘和密封材料、水泥砂浆层，露出坚实的混凝土基层。

（2）清理结构表面缺陷，将所有疏松结构清除，表面突出部分剔平，用防水砂浆填平压实。

（3）干燥后涂刷一道基层处理剂，基层处理剂涂刷应均匀，不露底，不堆积。

（4）细部防水附加层处理：阴阳角、管根、墙根、后浇带及设计有要求的特殊部位等均先铺贴一道防水卷材附加层，防水附加层卷材宽度为：阴阳转角部位不小于500mm，防水附加层在平面和立面的宽度均不小于250mm；管根部位不小于管直径加30mm并平分于转角处；后浇带和变形缝部位每侧外加300mm。

（5）重新满粘卷材，防水卷材铺贴应平整、顺直、不褶皱，铺贴时应排出卷材下的空气，并应辊压粘贴牢固；铺贴的卷材应平整顺直，搭接尺寸应准确，不得扭曲、皱折；搭接缝口应采用材性相容的密封材料封严。

7.6.2 屋面变形缝渗漏

1 原因分析

（1）变形缝两侧墙体水平施工缝位置留设不合理，位于屋面构造层完成面标高以下。

（2）变形缝处卷材未预留成U形槽，无衬垫材料，卷材拉裂破坏引起渗漏。

（3）变形缝两侧墙体混凝土浇筑振捣质量差，根部混凝土疏松；变形缝两侧墙体的水平施工缝凿毛不认真，形成渗水通道。

（4）变形缝预制盖板接缝处或现浇盖板分格缝处防水节点做法不规范，混凝土盖板未做滴水处理。

（5）变形缝水平盖板与竖向构件交接处防水做法不规范。

2 预防措施

（1）种植屋面变形缝两侧墙体应高出种植土顶部不小于100mm。

（2）变形缝两侧泛水墙体应设计为现浇钢筋混凝土结构，现浇混凝土水平盖板厚度不小于80mm；变形缝水平盖板下口必须做鹰嘴，鹰嘴坡度大于20%。水平盖板与泛水墙体相交处打耐候密封胶，密封严实。

（3）泛水卷材保护层宜采用砌体砌筑，当采用水泥砂浆作为防水保护层时，应掺抗裂纤维，并满挂玻纤网。

（4）变形缝防水层做法：泛水墙体卷材施工前，先施工阴角部位防水附加层，附加层在平面和立面的宽度不小于 250mm；泛水墙体的卷材在变形缝顶面收口；变形缝中应预填聚苯乙烯泡沫板等不燃保温材料作为卷材的承托，在其上覆盖一道卷材并向缝中凹伸，上放圆形的塑料泡沫棒，使卷材中间为 Ω 形，再铺设最上层卷材防水层。变形缝顶部防水卷材长边平行于变形缝方向，应与泛水卷材搭接，搭接长度≥100mm。

（5）非等高变形缝防水层做法：泛水墙体阴角应设置防水附加层，附加层在平面和立面的宽度不小于 250mm；泛水墙体卷材在泛水墙体顶部收头，并用密封膏密封；泛水墙体与盖板的缝隙间填塞泡沫板；变形缝处水平盖板上部从高跨向低跨抹灰找坡，坡度 10%，抹灰层最薄处 8mm；上部钉镀锌薄钢板，并用耐候胶分 2 遍密封。

（6）防水卷材可选用合成高分子防水卷材或高聚物改性沥青防水卷材，种植隔热屋面应选用耐根穿刺防水卷材，其外观质量和品种、规格应符合国家现行有关材料标准的规定。

（7）卷材防水层的最小厚度应根据屋面防水等级、选用材料种类确定。

（8）变形缝两侧泛水墙体应与屋面板混凝土同时浇筑，与屋面混凝土同时浇筑的墙体高度不小于屋面板结构完成标高以上 600mm 且不小于屋面最终完成面以上 300mm。

（9）屋面板必须做结构闭水试验。若发现变形缝墙体根部渗漏，应制定专门的修补方案并经技术负责人同意后实施。

（10）泛水墙体阴角部位、非等高变形缝的水平盖板根部应做成圆弧，半径不小于 100mm。

（11）变形缝盖板应现浇，每 2m 设置一道分隔缝，分格缝宽 20mm；盖板两端与女儿墙相交处必须设分格缝；分格缝镶贴 PVC 分格条或打耐候密封胶，胶缝均匀顺直。

3　维修施工

（1）屋面水平变形缝渗漏维修时，先清除变形缝内原有卷材防水层、胶粘材料和密封材料。

（2）清理变形缝基层，并剔除松散石子，露出坚实的混凝土基层，清洗干净。用聚合物防水砂浆填补并压实。

（3）泛水墙体阴角设置防水附加层，防水附加层在平面和立面的宽度不小于

250mm，防水卷材应铺贴至泛水墙体顶部，用密封膏在泛水墙体顶部收头密封，并用聚合物水泥防水砂浆作保护层。

（4）干燥后涂刷基层处理剂，变形缝中预填聚苯乙烯泡沫板等不燃保温材料作为卷材的承托，在其上覆盖一道卷材并向缝中凹伸，卷材预留变形余量，上放圆形的衬垫材料（泡沫塑料棒），使卷材中间为反 Ω 形，再铺设上层合成高分子卷材附加层。顶部做砂浆保护层后用现浇混凝土盖板覆盖并固定好，不得损坏防水层。

（5）变形缝顶面必须采用两层高分子卷材覆盖，卷材应与泛水墙体防水层搭接，搭接长度≥100mm。

（6）变形缝水平盖板下口必须做鹰嘴，鹰嘴坡度大于 20%。水平盖板与泛水墙体相交处打耐候密封胶，密封严实（图 7.6.2）。

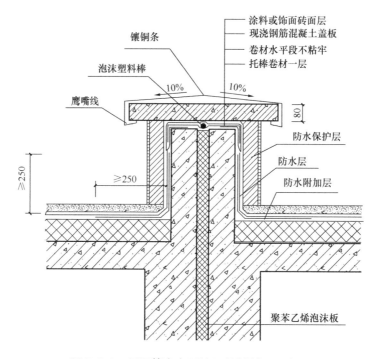

图 7.6.2　屋面等高变形缝及盖板剖面示意图

7.6.3　屋面雨水口渗漏

1　原因分析

（1）雨水口杯处预留洞表面凿毛或凿毛后未清理干净便灌入封堵材料，原混凝土与封堵材料结合不严密，导致渗漏。

（2）封堵预留洞用的混凝土未掺加膨胀剂，浇灌完成后混凝土收缩，在新旧混凝土结合处产生裂缝，导致渗漏。

（3）雨水口杯周边未设置防水附加层，防水层日久老化失效；防水卷材未深入水落口杯内或深入后粘贴不密实，形成渗漏通道。

（4）雨水口标高控制不精准、屋面排水坡度不够或反坡，在雨水口周围长时间积水，并透过老化失效防水层和结构裂缝渗漏到板下。

2　预防措施

（1）直排式雨水口杯顶面标高及侧排式雨水口底面标高应与结构顶面平齐或略低。

（2）雨水口周边应增设一道防水附加层，防水层伸入雨水口杯内不应小于 50mm。

（3）雨水口周围直径 500mm 范围内坡度不应小于 5%，并采用防水材料封闭。

（4）雨水口杯与基层接触处应留宽 20mm、深 20mm 凹槽，并嵌填密封材料。

（5）在屋面工程开始施工前，必须进行屋面图纸深化，明确屋面落水口位置、标高，明确屋面排水流向及坡度等。

（6）雨水口预留洞应使用微膨胀细石混凝土封堵，若采用其他新型材料，必须经过论证后方可实施。

（7）防水卷材可选用合成高分子防水卷材或高聚物改性沥青防水卷材，其外观质量和品种、规格应符合国家现行有关材料标准的规定，种植隔热屋面应选用耐根穿刺防水卷材，卷材防水层的最小厚度应根据屋面防水等级、选用材料种类确定。

（8）直排式雨水口宜在屋面结构混凝土浇筑前埋设，侧排式雨水口预埋件宜在女儿墙混凝土浇筑前埋设。当在结构板上预留洞口，后安装雨水口杯时，雨水口杯与结构预留洞之间应用微膨胀细石混凝土分两次封堵，做法如下：①先将结构预留洞凿成约 120°的喇叭口，并剔除松散石子，清洗干净。②第一次先封堵至结构板厚的 50%～70%，并进行第一次蓄水试验。若发生渗漏，则应进行修补。③确定第一次封堵无渗漏后，在第一次封堵材料及预留洞侧壁做一道聚合物水泥基防水涂料。④进行第二次封堵，封堵完成面上口应与结构屋面板平齐。封堵后进行第二次蓄水试验，确认无渗漏后，方可进行下道工序施工。

（9）屋面找坡层施工前，必须先按照深化设计标高打灰饼，灰饼间距不大于2m。找坡层施工时，严格按照灰饼控制标高，确保屋面排水坡度正确，避免雨水口周边积水。

（10）雨水口周边直径≥500mm 范围内找坡，坡度不应小于 5％。

（11）找平层完成后，先铺贴雨水口杯处的附加防水层，再铺贴屋面防水层。附加防水层与屋面防水层均应深入雨水口杯内 50mm，并封闭严密。

3 维修施工

（1）清除周边已破损的防水层和凹槽内原密封材料。

（2）清理雨水口杯基层，将所有疏松结构除掉，顶面标高略低于结构顶面。

（3）直排式雨水口杯上口的标高应设置在沟底的最低处，落水口周围直径 500mm 范围内坡度不应小于 5％，附加防水涂膜厚度不应小于 2mm，防水层贴入落水口不应小于 50mm。

（4）雨水口杯四周与面层之间要留宽 20mm，深 20mm 的凹槽，用高弹性、耐候的密封材料封堵。

（5）封堵后需做蓄水试验，若发生渗漏，则应进行修补。

（6）雨水口面层恢复：蓄水试验无渗漏后选择与原屋面颜色、品种相同的面层，勾缝光滑平整，雨水口处无积水现象，水箅子起落方便（图 7.6.3）。

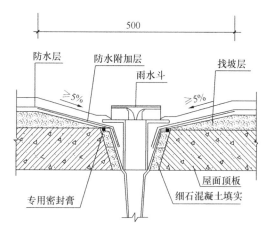

图 7.6.3 直式水落口剖面示意图

主 要 参 考 文 献

[1] 中华人民共和国住房和城乡建设部. 混凝土结构工程施工质量验收规范 GB 50204—2015[S]. 北京：中国建筑工业出版社，2015.

[2] 中华人民共和国住房和城乡建设部. 建筑工程施工质量验收统一标准 GB 50300—2013[S]. 北京：中国建筑工业出版社，2013.

[3] 中华人民共和国住房和城乡建设部. 地下防水工程质量验收规范 GB 50208—2011[S]. 北京：中国建筑工业出版社，2008.

[4] 中华人民共和国住房和城乡建设部. 屋面工程质量验收规范 GB 50207—2012[S]. 北京：中国建筑工业出版社，2012.

[5] 中华人民共和国住房和城乡建设部. 屋面工程技术规范 GB 50345—2012[S]. 北京：中国建筑工业出版社，2012.

[6] 中华人民共和国住房和城乡建设部. 坡屋面工程技术规范 GB 50693—2011[S]. 北京：中国建筑工业出版社，2011.

[7] 中华人民共和国住房和城乡建设部. 种植屋面工程技术规程 JGJ 155—2013[S]. 北京：中国建筑工业出版社，2013.

[8] 中华人民共和国住房和城乡建设部. 倒置式屋面工程技术规程 JGJ 230—2010[S]. 北京：中国建筑工业出版社，2010.

[9] 中华人民共和国住房和城乡建设部. 采光顶与金属屋面工程技术规程 JGJ/T 255—2012[S]. 北京：中国建筑工业出版社，2012.

[10] 中华人民共和国住房和城乡建设部. 单层防水卷材屋面工程技术规程 JGJ/T 316—2013[S]. 北京：中国建筑工业出版社，2013.

[11] 中华人民共和国住房和城乡建设部. 房屋渗漏修缮技术规程 JGJ/T 53—2011[S]. 北京：中国建筑工业出版社，2010.

[12] 广东省住房和城乡建设厅. 建筑防水工程技术规程 DBJ 15-19—2006[S]. 北京：中国城市出版社，2019.

[13] 深圳市住房和建设局. 深圳市建设工程防水技术标准 SJG 19—2019[S]. 北京：中国建筑工业出版社，2019.

[14] 瞿培华. 建筑外墙防水与渗漏治理技术[M]. 北京：中国建筑工业出版社，2017.

[15] 沈春林. 屋面工程防水设计与施工[M]. 北京：化学工业出版社，2016.

[16] 深圳市建设工程质量监督总站，深圳市防水专业（专家）委员会. 建设工程防水质量通病防治指南[M]. 北京：中国建筑工业出版社，2014.